35kV及以上变压器
振动与噪声检测技术

国网浙江省电力有限公司电力科学研究院　组　编
何文林　主　编
陈　珉　李　晨　江　军　副主编

中国电力出版社
CHINA ELECTRIC POWER PRESS

内 容 提 要

本书围绕变压器状态检测的新技术、新要求、新趋势，基于变压器机械结构的振动原理和变压器本体及冷却装置的噪声机理，从振动与噪声两个方面，系统地阐述了 35kV 及以上变压器的检测技术，具体内容包括振动检测技术基本原理、振动检测方法及分析、振动检测典型案例、噪声检测技术原理、噪声检测方法、噪声检测典型案例等。

本书内容系统全面，理论与实践、检测技术与工程应用相结合，可供电力系统内技术人员学习及培训使用，也可供相关专业人员学习参考。

图书在版编目（CIP）数据

35kV 及以上变压器振动与噪声检测技术/何文林主编；国网浙江省电力有限公司电力科学研究院组编 .—北京：中国电力出版社，2020.7

ISBN 978-7-5198-4664-0

Ⅰ.①3… Ⅱ.①何…②国… Ⅲ.①电力变压器—振动—监测②电力变压器—噪声监测 Ⅳ.①TM41

中国版本图书馆 CIP 数据核字（2020）第 078814 号

出版发行：中国电力出版社

地　　址：北京市东城区北京站西街 19 号（邮政编码 100005）

网　　址：http://www.cepp.sgcc.com.cn

责任编辑：肖　敏（010-63412363）

责任校对：黄　蓓　郝军燕

装帧设计：郝晓燕　赵姗姗

责任印制：石　雷

印　　刷：北京天宇星印刷厂

版　　次：2020 年 7 月第一版

印　　次：2020 年 7 月北京第一次印刷

开　　本：787 毫米×1092 毫米　16 开本

印　　张：6

字　　数：116 千字

印　　数：0001—1500 册

定　　价：30.00 元

编　委　会

前　　言

　　变压器是电力系统的关键核心装备，其可靠运行对整个电力系统的安全稳定运行具有重要价值。为了准确获取变压器的运行工况，有必要对变压器的运行状态进行检测。状态检测是依靠先进的检测手段和试验技术采集电气设备的各种数据信息，通过对运行经验和运行工况的综合分析，识别、判断故障的早期征兆、发生部位、严重程度及发展趋势，然后确定设备检修周期和项目，其代表了电力设备检修维护的发展方向。

　　不同于传统的变压器电气类测量技术手段（如局部放电、油中溶解气体等），变压器的振动和噪声包含着大量有效状态信息，其中振动参数对变压器的机械结构特征反应灵敏，可以体现变压器器身材料材质、设计参数、制造尺寸、安装方式、运行工况等，而变压器噪声水平的高低是衡量制造厂设计能力和生产水平的重要指标之一，两者均可作为变压器故障检测和状态评估的重要参考，因此开展振动与噪声检测可成为支撑变压器状态评价的重要技术手段。变压器振动与噪声检测技术可与现有的常规检测手段形成有力互补，亟须在工程实践中推广和应用。

　　为提高变压器带电检测和在线检测的质量，提高检测人员的技术水平，确保相关检测工作规范、扎实、有效地开展，国网浙江省电力有限公司电力科学研究院结合近年来振动与噪声检测过程中发现的典型问题，组织相关技术专家编写了本书。全书分为振动检测技术与噪声检测技术两篇，共六章：第一章主要介绍了振动检测技术基本原理；第二章重点阐述了振动检测方法及分析；第三章给出了三个振动检测典型案例；第四章主要介绍了噪声检测技术原理；第五章重点阐述了噪声检测方法；第六章则给出了两个噪声检测典型案例。

　　本书具有以下特色：

　　（1）内容系统全面。本书针对 35kV 及以上变压器的振动与噪声问题，深刻剖析了振动与噪声现象在本质上的联系与区别，系统全面地阐述了变压器振动与噪声的来源、机理、特性与检测技术等。

　　（2）理论与实践相结合。本书通过理论分析将振动、噪声产生机理与对应的检测参量建立联系，实现了理论与实践相结合。

（3）检测技术与工程应用相结合。本书在扎实的理论与广泛的实践基础上，进一步将检测技术与工程应用紧密联系起来，为实际现场工程中开展变压器振动与噪声的检测、评估提供样板和参考。

本书由国网浙江省电力有限公司电力科学研究院组编，参编人员承担着浙江省 35kV 及以上电压等级电网的运维和检修任务，具有丰富的设备运行和管理经验。本书可供电力系统内技术人员学习及培训使用，也可供相关专业人员学习参考。

由于编写时间仓促，书中难免存在疏漏之处，恳请广大读者批评指正。

编者

2020 年 5 月

目　　录

第一篇
振动检测技术

振动（Vibration）是自然界中最常见，也是最基本的一种物理现象。建筑物、机械设备、生物体等在内界或者外界的激励下会产生振动。一方面，机械振动通常情况下都是有害的，常常会破坏机械的正常工作，甚至会降低机械的使用寿命并对机械造成不可逆的损坏。另一方面，振动是物体的固有特性，其特性与其受到的外在激励和物体本身的内部构造、组成成分、性质性能等因素密切相关，通过对物体振动信号的检测分析可以对其内部状态进行一个有效的诊断。

与机械设备一样，在电力系统领域，变压器、电抗器、开关类设备、避雷器、绝缘子等众多设备均有其特定的组成结构，这些设备在运行过程中也都有各自的振动特性，其内部状态的变化也往往伴随着振动特性的改变。因此基于振动信号检测的分析方法对于电力系统中的各类设备同样适用，基于振动检测的各设备状态监测技术也都有相应研究。但是电力设备具有复杂性，基于振动的检测手段仍处于发展阶段。目前，由于变压器是电网系统中最重要的电气设备之一，承担着电力输送、电压转换等重要职责，因此其安全运行对电力系统有着重要意义。变压器状态的在线监测是近年来的研究热点，其中振动分析法作为一种新的检测方法已经得到了研究机构和电力企业的广泛关注，尤其是运用较多、相对成熟的基于振动分析的变压器特性和状态监测技术，其包含针对变压器本体和变压器配件（尤其是有载分接开关）的振动检测，以及基于变压器振动特性的变压器异常振动与异常噪声原因分析、变压器振动特性与变压器机械稳定性关系分析等。通过变压器机械故障模拟试验和变压器绕组振动特性测试可用于研究振动特性与机械失稳的判断准则和阈值；利用变压器振动特性实现变压器机械稳定性能的带电检测，可用于诊断变压器机械稳定性及其抗短路能力的变化趋势，并进一步应用于变压器的状态评价及变压器的健康水平评估等。

与单纯机械设备的振动特性不同的是，变压器是一个电场、磁场、温度场、声场和力场等各类"场"交杂的静止高压电器，它是通过电磁耦合原理进行工作的，其振动特性并非单纯的机械振动，而是与其运行状态下的电场和磁场及其相互之间的耦合作用密切相关。

从国内外研究现状来看，振动分析法的研究过多集中在对变压器绕组和铁芯振动的理论方面，其理论基础已经相对比较完善，但是对变压器箱体表面的振动信号的预处理和特征提取方法却缺乏足够的重视，忽视了除能量分布以外的其他信息。同时，目前基于模型的振动预测均采用有限元建模的方式，但由于变压器结构的复杂性，使得建模过程中对模型边界、变压器油及支撑单元的处理很难把握。

当前基于振动原理的变压器状态监测研究主要集中于四个方面，即变压器振动特性及振动产生机理研究、变压器振动的等效数学模型研究、变压器振动信号的特征提取方法研究、变压器振动监测系统研究。随着集成电路、嵌入式技术、高速数据采集设备的日趋成熟，以及物联网、云计算等技术的不断发展，基于振动原理的变压器状态监测技术在特征信号提取、干扰信号排除、信号处理算法、硬件电路设计、检测智能化等方面仍然存在较大的提升空间。

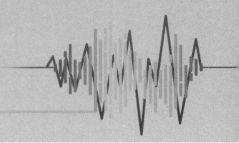

第一章　振动检测技术基本原理

第一节　机　械　振　动

一、机械振动的概念

振动是一种特殊形式的运动，它是指物体在其平衡位置附近所做的往复运动。如果振动物体是机械零件、部件及整个机器或机械结构，那么这种运动就称为机械振动。

二、机械振动的分类

一个实际的振动系统，在外界的激励作用下，会呈现一定的振动响应（包括位移、速度及加速度等参数的变化）。这种激励就是系统的输入，响应就是系统的输出。两者由系统的振动特性联系着，振动分析就是研究系统的输入、输出及振动特性三者之间的相互关系。

为了便于分析和研究问题，有必要对振动做如下的分类。

1. 按系统的输入（振动原因）分类

（1）自由振动（Free Vibration）。自由振动是指系统所受初始激励或原有的外界激励取消后，只依靠系统本身的弹性恢复力维持的振动。

（2）受迫振动（Forced Vibration）。受迫振动是指系统在外界持续激励作用下所产生的振动。一旦外界激励消失，受迫振动就停止，进入自由振动。

（3）自激振动（Self‐excited Vibration）。自激振动是指激励是由系统振动本身控制的，在适当的反馈作用下，系统会自动地激起的定幅振动。

2. 按系统的输出（振动规律）分类

（1）简谐振动（Simple Harmonic Vibration）。简谐振动是指能用一项正弦或余弦函数表达其运动规律的周期性振动。

（2）非简谐振动（Anharmonic Vibration）。非简谐振动是指不能用一项正弦或余弦函数表达其运动规律的周期性振动。

（3）瞬态振动（Transient Vibration）。瞬态振动是指振动量为时间的非周期性函数，通常只在一定的时间内存在。

（4）随机振动（Random Vibration）。随机振动是指振动量不是时间的确定性函数，而只能用概率统计的方法来研究的非周期性振动。

3. 按系统的自由度数分类

（1）单自由度系统振动（Single‐degree‐of‐freedom System Vibration）。单自由度系统振动是指系统在振动过程中任何瞬时的几何位置只需要一个独立坐标就能确定的振动。

（2）多自由度系统振动（Multi‐degree‐of‐freedom System Vibration）。多自由度系统振动是指系统在振动过程中任何瞬时的几何位置都需要多个独立坐标才能确定的振动。

（3）弹性连续体振动（Continuous Elasticity Vibration）。弹性连续体振动是指系统在振动过程中任何瞬时的几何位置需要无限多个独立坐标（位移函数）才能确定的振动，也称为无限自由度系统振动。

4. 按系统结构参数的特性分类

（1）线性振动（Linear Vibration）。线性振动是指系统的惯性力、阻尼力及弹性恢复力分别与加速度、速度及位移呈线性关系，能用常系数线性微分方程描述的振动，并且该系统的振动之间可以进行叠加。

（2）非线性振动（Nonlinear Vibration）。非线性振动是指系数的阻尼力或弹性恢复力具有非线性性质，只能用非线性微分方程来描述。

5. 按振动位移的特征分类

（1）横向振动（Crosswise Vibration）。横向振动是指振动物体上的质点只做垂直轴线方向的振动。

（2）纵向振动（Longitudinal Vibration）。纵向振动是指振动物体上的质点只做沿轴线方向的振动。纵向振动与横向振动又可称为直线振动。

（3）扭转振动（Torsional Vibration）。扭转振动是指振动物体上的质点只做绕轴线转动的振动。

三、传感器收集振动信号原理

表征振动的物理量主要有三个，即位移、速度和加速度。对于一个测点的振动信号，其状态特征需要通过提取振动信号的多种特征值来建立。表征振动信号的特征量可以由时域、频域和时频域三个方面的数值特征涵盖。由于需要采集的信号为振动信号，因此在正常运行条件下，变压器具有一个固有的自然振动水平。当绝缘老化、短路等故障造成绕组或铁芯结构变形、扰动时，变压器振动加剧，振动频段和能量等特征也会发生改变。初步估计变压器振动信号的频率范围是 $10\sim2000\mathrm{Hz}$，振幅在 $0.5\sim50\mu\mathrm{m}$，因此可供选择的振动传感器包括位移传感器、速度传感器和加速度传感器，分别对应于位移检测、速度检测和加速度检测。

位移检测能够根据振幅直接反映振动的强弱，将当前振动幅值与正常运行时的振动幅值相对比即可直观反映出高压并联电抗器故障是否出现。速度检测可以反映出高压并联电抗器运行过程中振动能量的变化。加速度检测主要是为了研究高压并联电抗器的不同箱体外表面对应位置处受到的冲击力大小，可用于故障振动源的定位，其通过频谱分析确定振动源频率。

假设变压器振动除去阻尼作用，则振动过程中传至箱体外表面的总能量不变，但其动能、势能不断转换，对应传感器的检测值同样会跟随能量的变化而变化，大多数情况下仅仅依靠单一物理量是无法判断故障点位置的，因此位移、速度和加速度振动检测相辅相成，缺一不可。

四、振动信号处理技术

振动信号处理技术是利用相应传感器采集设备箱体表面振动信号，再应用相关系统分析检测信号以诊断设备内部缺陷、评估设备运行状态的检测分析手段。检测系统与设备主体无任何电气连接，安装简单、成本较低、实时性强、安全可靠、灵敏度高、抗干扰能力强，检测过程不会对电气设备的正常运行造成任何影响，能够高效率地得到检测结果。因此用传感器测得的振动信号对设备机械状态进行诊断，是机械振动故障诊断中最常用、最有效的方法。设备在运行过程中产生的振动及其特征信息是反映设备及其运行状态变化的主要信号，通过各种动态测试仪器对这些动态信号进行获取、记录和分析，是设备状态监测和故障诊断的主要途径。其中的关键技术就是通过对振动信号的分析处理提取设备故障特征信息。振动信号处理技术大致可以分为基于时域的方法（时域分析）、基于频域的方法（频域分析）和基于时频域的方法（时频域分析）三种。

1. 时域分析（Time-domain Analysis）

时域分析是最简单、最直接的提取振动时域信号特征的方法。经过动态测试仪器采集、记录并显示机械设备在运行过程中各种随时间变化的动态信息，如振动、噪声、温度、压力等，就可以得到待测对象的时间历程，即时域信号。时域信号包含的信息量很大，且具有直观、易于理解等特点，是机械故障诊断的原始依据。时域分析可从时域统计分析、相关性分析等角度来开展，在时域内对机械振动信号进行波形变换和缩放、统计特征计算、相关性分析等处理。振动信号的时域特征适用于简易诊断、快速评价机械状态的优劣。使用时域分析方法可以有效提高信噪比，为系统动态分析和故障诊断提供有效信息，其往往是非常重要的故障诊断依据。

2. 频域分析（Frequency - domain Analysis）

频域分析是机械故障诊断中使用最多的信号处理方法之一。变压器振动信号时域特征量的变化可以提示变压器的机械状态以及是否运行异常，而要进一步检测故障具体出现在哪些结构上，还需要分析振动信号的频域特征量。这是因为伴随着机械设备故障的出现、发展，通常会引起其振动信号频率成分方面的变化，所以需要将时域波形信号通过傅里叶变换至频域，研究信号的频率结构及各次谐波的信息。其主要原因在于对于复杂振动，时域的描述不易看出振动含有哪些频率成分、何种频率占优势，因此需要将振动的时间历程变换为频域的描述函数。处理和分析平稳信号主要用傅里叶变换方法，它具有较高的频率分辨率并且能够将信号从复杂的时域特性变换为频域内的简单分析，是连接时域和频域的纽带。例如，齿轮表面疲劳剥落或者齿轮啮合出现误差都会引起周期性的冲击信号，相应地在频域内就会出现不同的频率成分。因此根据这些频率成分的组成和大小，就可以对机械故障进行识别和评价。频域分析又可分为频谱分析、倒频谱分析、包络分析、阶比谱分析和全息谱分析等。

3. 时频域分析（Time - frequency - domain Analysis）

机械设备在运行过程中的多发故障，如剥落、裂纹、松动、冲击、摩擦、油膜涡动、旋转失速以及油膜振荡等，当其产生或发展时将引起动态信号出现非平稳性，因此非平稳性可以表示某些机械故障的存在。种种情况表明，从工程中获取的动态信号，它们的平稳性是相对的、局部的，而非平稳性则是绝对的、广泛的。由于非平稳信号的统计量（如相关函数、功率谱等）是时变函数，只了解这些信号在频域或者时域内的特性是不够的，还需要得到信号的频谱随时间的变化情况。因此，需要利用时间和频率的联合函数来表示这些信号，这种表示方法即为信号的时频域表示。时频域分析又可分为短时傅里叶变换法、Wigner - Ville 分布法、小波变换法、经验模态分解法等。

第二节　变压器的机械振动特性

随着现代社会用电量的不断增长，变压器在朝着高压大容量的方向发展，而过高的电压等级和容量使得变压器内部电磁场强度增强，这将加剧变压器本体的振动。变压器的振动源主要是铁芯和绕组，由于大型变压器通常由饼式绕组组成，当正常电流或短路电流流经绕组时会产生漏磁通，绕组内部的通电线圈在漏磁场的影响下受到电磁力作用，从而产生绕组振动。由于存在众多不确定因素，如线圈之间绝缘材料的力学特性具有非线性性质，漏磁场分布与绕组安匝分布有关等，绕组振动实际上是一个十分复杂的机电耦合过程。在交变磁场作用下，铁芯的振动主要是由铁磁材料的磁致伸缩（Magnetostrictive Effect）效应造成的。所谓磁致伸缩，就是铁芯励磁时，沿磁力线方向硅钢片的尺寸要增加，而垂直于磁力线方向硅钢片的尺寸要缩小的现象。变压器的机械振动通过两种路径传递至油箱：一种是固体传递途径，如铁芯的振动通过其垫脚传至油箱；另一种是液体传递途径，如绕组的振动通过绝缘油传至油箱。当然实际中铁芯和绕组产生的振动传递到油箱的途径是非常复杂的。铁芯振动信号的基频为 100Hz，但也存在 50Hz 的高次谐波；绕组产生的振动以 100Hz 为主。另外，变压器其他部件（如有载分接开关及风扇、油泵等冷却系统）的振动也会对油箱表面的测量结果产生影响，但研究表明其振动频率明显低于由电磁激励力引起的变压器绕组和铁芯振动频率，均在 100Hz 以下。

变压器绕组振幅的影响因素包括：当变压器负载电流变大时，绕组匝与匝以及层与层之间的电场力会明显变大，相应的绕组振动强度就会加强；当绕组发生松动或者扭曲变形时，其振动强度也会明显加强。同时，通过大量的实验研究和实践证明，变压器绕组变形具有明显的累积效应，其累积到一定程度后，将导致变压器绕组的动态稳定性受到破坏，进而导致变压器的抗短路能力逐步下降。变压器铁芯振幅加大的原因在于，在短路或者铁芯多点接地出现之后，硅钢片的磁致收缩明显加大，从而导致铁芯温度升高、振幅加大，所以变压器表面的振动情况主要与绕组的变形程度、绕组的位移以及绕组与铁芯之间的压紧力有关。对变压器故障位置的调查统计表明，铁芯和绕组发生的故障在变压器故障中占据着首要地位。变压器在实际运输、装配过程中容易造成铁芯和绕组受力不均，产生变形隐患；变压器长时间并网运行，绝缘部件容易老化，从而承受过电流、过电压的能力下降，也容易使绕组和铁芯变形，从而引发故障。下面重点分析变压器绕组与铁芯的组成以及其在运行过程中的振动情况。

一、绕组振动分析

1. 电磁力分析

变压器本体由铁芯和绕组组成，其中接电源的绕组称为一次绕组（也称初级绕组或原线圈），其余的绕组称为二次绕组（也称次级绕组或副线圈）。尽管绕组结构各异，但求解变压器内部漏磁场分布的方法却基本相同，下面以双绕组结构为例对漏磁场分布及线圈受力情况进行求解。漏磁场计算是基于以下基本假设：

1）将变压器的漏磁场作为二维轴对称磁场；

2）不考虑除铁芯外其他铁磁材料对漏磁场的影响；

3）忽略励磁电流，即认为各相一、二次绕组的总安匝数平衡；

4）铁芯的磁导率与空气的磁导率相比为无限大；

5）电流在导体的横截面内分布均匀，即不考虑导体中的涡流效应；

6）忽略其他零部件的影响。

在上述基本假设下，变压器的一个铁芯窗可等效为在均匀铁磁材料中开了一个截面为矩形的窗，矩形截面的载流一、二次绕组位于其中，如图 1-1 所示。忽略励磁电流的影响，图 1-1 中两绕组的安匝应当相同。为了便于研究，将一、二次绕组看成是两个具有矩形截面安匝平衡的载流导体。根据电磁场理论，矩形窗中的磁场应为其中的自由电流和窗边界上出现的磁化电流共同在铁芯窗中产生的磁场，而磁化电流对铁芯窗中磁场的影响又可以等效为实体电流的镜像电流。由于铁芯窗的边界为矩形，镜像电流会来回反射，所以此处的镜像电流为无限多组。铁芯窗内的磁场就是由载流导体和这无限多组镜像电流共同产生的磁场。

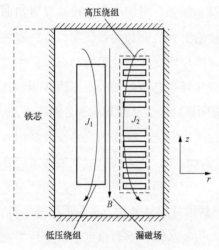

图 1-1　理想的双绕组变压器模型

在变压器出厂试验中，通常利用短路试验来模拟绕组在不同负载电流下的工况。在短路试验中，高压绕组和低压绕组的安匝数相等，在计算漏磁场时可以不考虑电流中的励磁成分。变压器工作频率为工频 50Hz，相对而言这属于低频范畴，因此可以采用准静态场的一些分析方法，且不考虑一些时变的成分。此外，由于绕组是由多层的铜芯捆绑而成，因此可以忽略导体中的涡流效应。

空气和导体中的电磁场分布可以用 Maxwell 方程来表示，同时引入磁矢位（$\boldsymbol{A}$）。在空气中，电磁场的分布可以用 Laplace 方程来表示，即

$$\nabla^2 \boldsymbol{A} = 0 \qquad\qquad (1-1)$$

在带电导体中，电磁场的分布可以使用 Poisson 方程来表示，即

$$\nabla^2 \boldsymbol{A} = \mu \boldsymbol{J} \qquad\qquad (1-2)$$

式中　μ——磁导率；

$\boldsymbol{J}$——电流密度。

磁感应强度和磁矢位的关系可表示为

$$\boldsymbol{B} = \nabla \times \boldsymbol{A} \qquad\qquad (1-3)$$

根据洛伦兹定律，带电导体在磁场中将受到电磁力的作用，在数值上，单位体积电磁力（$\boldsymbol{F}$）等于电流密度（$\boldsymbol{J}$）和磁感应强度（$\boldsymbol{B}$）的外积，即

$$F = J \times B \tag{1-4}$$

通过有限元软件 ANSYS 建立等效模型，假设导体中的电流可以表示为

$$i(t) = \sqrt{2}I\sin(\omega t + \varphi) \tag{1-5}$$

式中　I——电流有效值；

　　　ω——电流角频率；

　　　φ——电流相位角。

若不考虑受迫振动对绕组几何尺寸的影响，则第 j 个线圈上的电磁力幅值在数值上等于该线圈在通过直流电流 I 时产生的静态电磁力。最终线圈上的电磁力（f_j）可以认为是一个与时间有关的函数，且频率为电流频率的两倍。线圈上的电磁力可表示为

$$f_j(t) = F_j[1 - \cos(2\omega t + 2\varphi)] \tag{1-6}$$

可以证明线圈上的电磁力与电流平方成正比。在实际应用中，电磁力可分解为轴向和径向的两个分量，在模型中只考虑轴向电磁力对振动的影响。

2. 绕组振动数学模型

变压器绕组是由绝缘扁导线或圆导线绕制而成的，是变压器的磁路部分。变压器绕组通常情况下会绕制成圆形，这样在电磁力的作用下不易变形且有较好的机械性能。变压器绕组振动是由各个线圈受到电磁力作用而产生的，由于绕组中的载流导体处于空间磁场，在该磁场中流通着交流电流，故绕组受到电磁力作用而产生了受迫振动。它是由电流流过绕组时在绕组间、线饼间、线匝间产生的动态电磁吸引力引起的，变压器绕组在负载电流与漏磁产生的电动力作用下振动，并通过绝缘油传至油箱，正常情况下该电磁力较小。如果高、低绕组两者中的任何一个发生变形、位移或崩塌，那么绕组间压紧力不够，从而使得高、低压绕组间高度差逐渐扩大，绕组安匝不平衡加剧，漏磁造成的轴向力增大，则绕组的振动加剧。现有的绕组振动研究大多基于实验数据，仅分析了理论模型或只对数据进行了简单的分析。目前比较常用的绕组振动模型是一个质量-弹簧-阻尼系统，该模型能够较好地表示绕组的固有振动特性。大多数研究绕组振动的文献都只停留在分析绕组的结构特性上，仅研究了绕组的固有频率特性，而将作用在各个线圈上的激励力简单化了。实际上，变压器绕组的振动是线圈在电磁力作用下产生的受迫振动，而作用在线圈上的电磁力随着漏磁场的变化而变化。考虑到变压器在工频交流电下工作，作用在线圈上的电磁力的频率是不变的，因此要获得变压器绕组的振动特征，就必须先研究电磁力的大小和分布情况。

当电流流过绕组时，在绕组周围会产生漏磁场，这些带电绕组在漏磁场中会受到电磁力的作用，电磁力 F_W 的大小近似与电流平方成正比，即

$$F_\text{W} \propto i^2$$

变压器正常运行时的电流为

$$i = I_m \cos \omega t$$

式中　I_m——变压器负载电流的最大幅值。

其中变压器运行频率为电网频率，而绕组在轴向上受到的电动力可表示为

$$\boldsymbol{F}_y = b_y I_m^2 \left(\frac{1}{2} + \frac{1}{2} \cos 2\omega t \right)$$

式中　b_y——绕组轴向所受电磁力系数。

由此可知绕组所受轴向电动力的频率为电网频率的两倍。

根据绕结方式，绕组大体可分成层式和饼式两类。大型变压器广泛采用饼式绕组，因此下面以饼式绕组为例进行。图 1-2 所示为一个饼式绕组的大致结构，可以认为一个饼式绕组主要由铜导体、绝缘垫块、绝缘纸等组成。

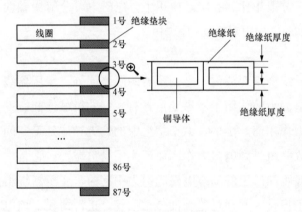

图 1-2　饼式绕组的结构

在理想情况下，变压器绕组可以等效成一个多自由度系统。在工频的电磁场中，各个线饼受到电磁力的交流分量的幅值可以表示为 $[f_1, f_2, \cdots, f_n]$，该矩阵在下文中用 $\boldsymbol{F}$ 来表示。本书主要研究变压器绕组在电磁力作用下的受迫振动（或称稳态振动）。各个线圈被绝缘垫块隔开，并被夹紧件压紧固定在铁轭之间。根据绕组的结构特点，很多文献把单层线圈等效为一个集中的质量块，把绝缘垫片等效为一个弹性元件，铁芯的刚度可以视为无穷大，绕组浸泡在变压器绝缘油中，当电动力作用于线饼时，最终产生的振动实际上是线饼与绝缘垫块、绝缘油以及铁轭夹紧件相互作用的结果，绕组的振动可被等效为质量-弹簧-阻尼的动态力学模型，如图 1-3 所示。其中 A、B 表示上、下铁轭的固定端，该处的位移为零；$k_1, k_2, \cdots, k_n$ 表示各个线饼间绝缘垫块的等效弹性系数，在分析中认为所有的弹性系数均是一致的；$c_1, c_2, \cdots, c_n$ 为变压器绝缘油对各个线饼的阻尼系数；$m_1, m_2, \cdots, m_n$ 为线饼的等效质量；n 个线饼的多自由度振动系统具有 n 个自由度，并且线饼的位移只有轴向分量，分别为 $z_1, z_2, \cdots, z_n$。

该数学模型基于以下假设：①忽略线饼的弹性和

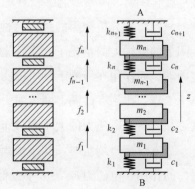

图 1-3　等效振动模型

振动过程中绝缘垫块弹性模量的变化，认为线饼在整个振动过程中刚度为无穷大；②绝缘垫块及端圈只能承受压力，不能承受拉力，其质量与线饼质量相比可忽略不计；③振动过程中绕组压紧力恒定；④绝缘垫块及端圈在弹性限度内遵从胡克定律；⑤不计匝绝缘对绕组振动的影响，忽略其质量、厚度及弹性变形；⑥绕组振动过程中，若各绝缘垫块及端圈均受压（即不松动），则各绝缘垫块及端圈压缩量之和等于绕组预压缩量；⑦绕组在动态平衡下振动，整个研究对象对外合力为零。

根据力学特性，线饼之间的绝缘垫块是一种非线性材料，随着压力的变化，其刚度会发生较大变化。目前有很多文章对绝缘垫块的力学特性做了较为深入的研究，可以认为绝缘垫块的弹性系数 k 和绝缘油的阻尼系数 c 在一定压力范围内可以表示为

$$k = [k_{S}k_{V}^2 + (k_{S} + k_{V})\omega^2 R^2]/(k_{V}^2 + \omega^2 R^2) \tag{1-7}$$

$$c = Rk_{V}^2/(k_{V}^2 + \omega^2 R^2) \tag{1-8}$$

式中　k_{S}——绝缘垫块的静态弹性系数；

k_{V}——绝缘油产生的体积弹性系数；

R——绝缘油造成的阻力系数；

ω——电磁力的角频率。

绝缘垫块和绝缘纸的静态弹性系数可以表示为

$$k_{S} = \frac{A}{h}\frac{d\sigma}{d\varepsilon}, \sigma = \begin{cases} a\varepsilon + b\varepsilon^3, & \varepsilon > 0 \\ 0, & \varepsilon \leq 0 \end{cases} \tag{1-9}$$

式中　σ, ε——绝缘垫块的应力、应变；

a, b——计算常数；

A——绝缘垫块与线饼的接触面积；

h——绝缘垫块高度。

在计算中，绝缘垫块的参数为：$a=1.03\times10^8\,\text{Pa}$，$b=1.72\times10^{10}\,\text{Pa}$；绝缘纸的参数为：$a=2.34\times10^7\,\text{Pa}$，$b=5.17\times10^8\,\text{Pa}$。

假设模型中各个线圈之间受到的压紧力是相同的，并忽略线圈质量对压紧力的影响。在振动过程中，垫块遵从胡克定律，并且弹性系数保持不变。在绕组振动实验中，为了验证振动随高度的分布特性，在不注油的条件下测量振动，于是参数可进一步简化为 $k=k_{S}$，$c=0$。最终模型可以简化成一个由质量弹簧组成的多自由度振动系统，可表示为

$$\boldsymbol{M}\{\ddot{x}\} + \boldsymbol{K}\{x\} = \{\boldsymbol{f}(t)\} \tag{1-10}$$

式中　$\boldsymbol{M}, \boldsymbol{K}$——质量和刚度矩阵；

x——线圈位移；

$\boldsymbol{f}(t)$——时变的电磁力向量。

当电磁力以固定的频率激励时，输出的受迫振动将保持在同样的频率，设式（1-10）的解为

$$x = \boldsymbol{A}\sin(pt + \varphi) \tag{1-11}$$

式中　$\boldsymbol{A} = (A_1 \quad A_2 \quad \cdots \quad A_n)^{\mathrm{T}}$。

可得

$$(\boldsymbol{K} - p^2\boldsymbol{M})\boldsymbol{A} = 0 \tag{1-12}$$

令 $\boldsymbol{B} = \boldsymbol{K} - p^2\boldsymbol{M}$，此即为特征矩阵。要使 $\boldsymbol{A}$ 有不全为 0 的解，必须使系数行列式的值为 0，所以 $|\boldsymbol{K} - p^2\boldsymbol{M}| = 0$ 可解出固有频率。一般的振动系统 n 个固有频率的值互不相等，将 n 个固有频率由小到大排列为

$$0 \leqslant p_1 \leqslant p_2 \leqslant \cdots \leqslant p_n \tag{1-13}$$

将固有频率代入 $(\boldsymbol{K} - p^2\boldsymbol{M})\boldsymbol{A} = 0$ 可解得 n 阶振型。以各阶主振动矢量为列，按顺序列成一个 n 阶方阵，称此矩阵为主振型矩阵或模态矩阵，即

$$\boldsymbol{A}_p = \begin{bmatrix} A^{(1)} & A^{(2)} & \cdots & A^{(n)} \end{bmatrix} \tag{1-14}$$

根据主振型的相互正交性可得

$$\boldsymbol{A}_p^{\mathrm{T}}\boldsymbol{M}\boldsymbol{A}_p = \boldsymbol{M}_p = \begin{bmatrix} M_1 & & & \\ & M_2 & & \\ & & \ddots & \\ & & & M_n \end{bmatrix}, \boldsymbol{A}_p^{\mathrm{T}}\boldsymbol{K}\boldsymbol{A}_p = \boldsymbol{K}_p = \begin{bmatrix} K_1 & & & \\ & K_2 & & \\ & & \ddots & \\ & & & K_n \end{bmatrix}$$

在方程中加入正弦激励 $\boldsymbol{F}\sin\omega t$，则该系统可以表示为

$$\boldsymbol{M} \cdot \ddot{x} + \boldsymbol{K}x = \boldsymbol{F}\sin\omega t \tag{1-15}$$

利用主坐标变化 $x = \boldsymbol{A}_p x_p$ 可得

$$\boldsymbol{M}_p \cdot \ddot{x}_p + \boldsymbol{K}_p x_p = \boldsymbol{q}_p \tag{1-16}$$

式中　$\boldsymbol{q}_p = \boldsymbol{A}_p^{\mathrm{T}}\boldsymbol{f} = \boldsymbol{A}_p^{\mathrm{T}}\boldsymbol{F}\sin\omega t = \boldsymbol{Q}_p\sin\omega t$。

可以将式（1-16）分解成一组 n 个独立的单自由度方程，即

$$M_i \cdot \ddot{x}_{p_i} + K_i x_{p_i} = Q_{p_i}\sin\omega t \tag{1-17}$$

式（1-17）的解为

$$x_{p_i} = B_{p_i}\sin\omega t = \frac{Q_{p_i}}{M_i(p_i^2 - \omega^2)}\sin\omega t \tag{1-18}$$

最后返回原坐标系 $x = \boldsymbol{A}_p x_p$，记幅值矩阵 $\boldsymbol{X} = (x_1 \quad x_2 \quad \cdots \quad x_n)$，在电磁力作用下，该多自由度系统的稳态响应可以表示为

$$\boldsymbol{Z} = \boldsymbol{X}\sin\omega t \tag{1-19}$$

电磁力的直流分量对线饼的作用相当于施加一个恒定的力，该作用力相对于压紧力

可以忽略不计。实际测得的振动正是由电磁力的交流分量引起，该作用力构成矩阵 $\boldsymbol{F}$，于是单层线圈的振动幅值分布 $\boldsymbol{X}$ 也可以计算得到。

二、铁芯振动分析

变压器铁芯是由多片表面涂有绝缘漆的薄硅钢片通过叠压等工艺制成的。国内外的研究表明，变压器铁芯的振动来源于硅钢片的磁致伸缩效应和硅钢片接缝处与叠片之间存在的漏磁产生的电磁力。近年来由于铁芯制造工艺和结构上的改进以及铁芯工作磁通密度的降低，使硅钢片接缝处和叠片间的电磁力引起的铁芯振动变得很小，因此可认为变压器铁芯的振动主要来源于硅钢片的磁致伸缩效应。因此凡是能影响铁芯硅钢片磁致伸缩效应发生变化的因素都会引起铁芯振动的改变。下面首先分析变压器铁芯的磁致伸缩效应。

1. 磁致伸缩效应

磁致伸缩效应是发生在铁磁材料上的一种独特的物理现象，是指当铁磁材料未处于电磁场时，铁磁晶体的磁畴方向分布杂乱无章；而当铁磁体在被外磁场磁化时，铁磁晶体的磁畴方向与磁场方向一致，宏观上是指其体积和长度将发生变化的现象。这种变化分两个方向：硅钢片在平行磁力线的方向上尺寸有所增加，在垂直磁力线的方向上尺寸有所减小，这种尺寸上的增加与减小即为磁致伸缩，其大小与外磁场的大小及材料的温度有关。变压器铁芯硅钢片的磁致伸缩率的大小可以用 $\varepsilon = -\Delta L/L$（$L$ 和 ΔL 分别表示材料的线性长度和发生磁致伸缩时长度的最大改变量）来表示，即铁芯硅钢片的形变量随其磁致伸缩率 ε 的增大而增大，铁芯振动的剧烈程度与 ε 成正比，当 ε 一定时，铁磁材料的长度 L 越长，铁芯振动也越剧烈。

大量研究表明，磁致伸缩与磁感应强度的平方成正比，磁致伸缩的变化周期为电源电流周期的一半，磁致伸缩引起的铁芯振动是以电源频率的两倍为基频的。铁芯是变压器的磁路部分，它是由薄硅钢片叠压而成的，这些硅钢片在被变压器磁场磁化时，就会产生磁致伸缩效应。变压器铁芯会因硅钢片的磁致伸缩效应而产生振动。下面对变压器的磁致伸缩进行分析。

交变电流通过绕组形成的闭合回路产生的磁通通过铁芯，即铁芯主磁通是由作用在一次绕组的电源电压 $u_1 = U_0\sin\omega t$ 产生的，利用法拉第电磁感应定律可得

$$U_0\sin\omega t = N_1 A \frac{\mathrm{d}B}{\mathrm{d}t} \tag{1-20}$$

式中　B——磁通密度；

　　N_1——绕组线圈匝数；

　　A——铁芯主磁通垂直穿过铁芯表面的截面积。

则铁芯主磁通密度 B 为

$$B = \frac{-U_0}{N_1 A \int \sin\omega t} = B_0\cos\omega t \tag{1-21}$$

若 B 与 H 呈线性关系，即 μ 为常数，则有

$$\mu = \frac{B}{H} = \frac{B_s}{H_c} \tag{1-22}$$

式中　B_s——饱和磁通密度；

$\quad\quad H_c$——材料的矫顽力。

进一步有

$$H = \frac{B}{\mu} = \frac{B}{B_s}H_c = \frac{B_0}{B_s}H_c\cos\omega t \tag{1-23}$$

由磁致伸缩公式可得

$$\frac{1}{L}\frac{\mathrm{d}L}{\mathrm{d}H} = \frac{2\varepsilon_s}{H_c^2}|H| \tag{1-24}$$

式中　ε_s——硅钢片的饱和磁通系数。

联合式（1-23）和式（1-24）可得

$$\varepsilon = -\frac{\Delta L}{L} = -\frac{2\varepsilon_s}{H_c^2}\int_0^H |H|\,\mathrm{d}H = -\frac{\varepsilon_s}{H_c^2}H^2 \tag{1-25}$$

$$= \frac{\varepsilon_s B_0^2}{B_s^2}\cos^2\omega t = \frac{\varepsilon_s U_0^2}{(N_1 A\omega B_s)^2}\cos^2\omega t$$

铁芯的振动加速度为

$$a_c = \frac{\mathrm{d}^2(\Delta L)}{\mathrm{d}t^2} = -\frac{2\varepsilon_s L U_0}{(N_1 A B_s)^2}\cos^2\omega t \tag{1-26}$$

变压器正常工作时，铁芯运行在饱和点附近，但此时还未达到饱和状态。励磁电流在正、负半周是对称的，交流励磁磁通在正、负半周是对称的，因而磁致伸缩位移在磁通变化的一个周期内也是对称的。由上可知，变压器铁芯振动加速度与一次侧电压平方成正比。铁芯的振动加速度周期是电流周期的一半，即磁致伸缩引起的变压器铁芯振动加速度是以 100Hz 为基频的，为电网频率的两倍。

下面分析铁芯振动谐波分量的产生原因。常用的变压器硅钢片的线性尺寸变化（磁致伸缩效应）和磁通密度的关系可以用图 1-4

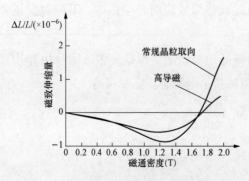

图 1-4　变压器硅钢片的磁致伸缩效应和
磁通密度之间的关系

来表示。由图 1 - 4 可知，铁芯振动受到变压器铁芯硅钢片的磁致伸缩效应与变压器磁通密度之间非线性等因素影响，再加上沿铁芯内框和外框的磁路长短不同，所以铁芯的振动信号不是严格的以 100Hz 为基频的正弦波，而是混入了一些以其他频率为基频整数倍的高频信号。

2. 直流偏磁分析

直流偏磁是变压器的一种非正常工作状态。其根本原因是大型变压器有与大地相连接的中性线，当中性线中流入直流后，流经绕组的直流电流成为变压器励磁电流的一部分，该直流电流使变压器铁芯产生偏磁，从而改变了变压器的工作点，使原来磁化曲线工作区的一部分移至饱和区，导致变压器工作异常。随着直流分量的不断增加，电流波形发生畸变，波形不对称。磁饱和电抗器由于自身结构特殊，加上直流电流分量的原因，会使电抗器伸缩性能发生很大变化，变压器的振动显著增大；同时，变压器的漏磁通变大，无功损耗的增加导致电力系统的电压严重下降，系统的继电保护装置也会出现非正常动作，增大的漏磁通也会增加变压器的涡流损耗，进而影响变压器的功能与使用寿命。

在直流偏磁的影响下，励磁电流会呈现出正负半波不对称的形状。与偏磁方向一致的半个周波大大增加，另外半个周波反而减小。在这种情况下，铁芯磁致伸缩位移在一个周波内将出现不对称，从而导致振动噪声中不仅含有偶次谐波，还会出现奇次谐波分量。因此在直流偏磁影响下，变压器的振动会变得更加复杂，出现一系列高次和奇次谐波。

采用经典傅里叶分析，根据傅里叶变换的一些性质可以知道，如果 50Hz 周期信号的单个周期里存在两个半周期波形，那么该信号的频谱将主要出现 100Hz 及其谐波，而如果两个半周期信号不同，那么就会产生 50Hz 及其高次谐波。因此可以用 50Hz 的奇次和偶次谐波（也是 100Hz 的谐波）能量之比作为直流偏磁的重要特征，即

$$K_{\mathrm{Feature1}} = \sqrt{\sum f_{\mathrm{odd}}^2} \Big/ \sqrt{\sum f_{\mathrm{even}}^2} \tag{1 - 27}$$

式中　f_{odd}，f_{even}——奇次、偶次谐波。

由于振动信号中出现高频成分，信号的波形发生变形，作为第三个特征的信号复杂度随偏磁程度增加，因此采用非线性的延时互信息进行度量。

互信息是一组随机变量成员具有的该集合中其他随机变量信息的度量。利用熵，可以将 n 个随机变量 x_i，$i=1$，2，3，$\cdots$，n 之间的互信息定义为

$$\boldsymbol{I}(x_1, x_2, x_3, \cdots, x_n) = \sum_{i=1}^{n} \boldsymbol{H}(x_i) - \boldsymbol{H}(x) \tag{1 - 28}$$

式中　$\boldsymbol{H}(x)$——包含所有 x_i 的那个向量。

互信息一般采用概率密度的方式进行计算。

假定有两个时间序列 $\boldsymbol{X}(t)$ 和 $\boldsymbol{Y}(t)$（$t=1$，$\cdots$，T），每个序列可以认为是一个具有概率密度 $p(\boldsymbol{X}(t), n)=p(\boldsymbol{X}(t))$ 或 $p(\boldsymbol{Y}(t), n)=p(\boldsymbol{Y}(t))$ 的随机变量，其中 n 表示将信号划分成 n 个组。在后续的分析中，将采集的振动信号划分成 32 组用于计算互信息。为了衡量信号中的相关度，互信息一般可以按照式（1-29）进行计算，即

$$MI = MI_{XY} = MI_{YX} = MI(\boldsymbol{X}(t), \boldsymbol{Y}(t))$$

$$= -\sum_n p(\boldsymbol{X}(t), \boldsymbol{Y}(t)) \log \frac{p(\boldsymbol{X}(t), \boldsymbol{Y}(t))}{p(\boldsymbol{X}(t)) p(\boldsymbol{Y}(t))} \tag{1-29}$$

式中 $p(\boldsymbol{X}(t), \boldsymbol{Y}(t))$——$\boldsymbol{X}(t)$ 和 $\boldsymbol{Y}(t)$ 的联合概率密度（PDF）。

那么延时互信息按照式（1-30）和式（1-31）进行计算，即

$$TDMI_{XY} = -\sum_n p(\boldsymbol{X}(t), \boldsymbol{Y}(t+\tau)) \log \frac{p(\boldsymbol{X}(t), \boldsymbol{Y}(t+\tau))}{p(\boldsymbol{X}(t)) p(\boldsymbol{Y}(t+\tau))} \tag{1-30}$$

$$TDMI_{YX} = -\sum_n p(\boldsymbol{Y}(t), \boldsymbol{X}(t+\tau)) \log \frac{p(\boldsymbol{Y}(t), \boldsymbol{X}(t+\tau))}{p(\boldsymbol{Y}(t)) p(\boldsymbol{X}(t+\tau))} \tag{1-31}$$

由于计算和实际通常存在一定的偏差，需要按照式（1-32）进行修正，即

$$MI_{\text{true}} \approx MI_{\text{obs}} + \frac{\boldsymbol{B}_X + \boldsymbol{B}_Y - \boldsymbol{B}_{XY} - 1}{2N} \tag{1-32}$$

式中 $\boldsymbol{B}_X$ 和 $\boldsymbol{B}_Y$——$p(\boldsymbol{X})>0$、$p(\boldsymbol{Y})>0$ 的组数目；

$\boldsymbol{B}_{XY}$——$p(\boldsymbol{X}, \boldsymbol{Y})>0$ 的组数目；

N——数据长度；

MI_{true}——修正后的互信息量。

3. 磁致伸缩与直流偏磁相关性

第一点，从已有直流偏磁理论可知，绕组励磁电流正半周在较短时间内可以使得铁芯磁通饱和，致使其磁致伸缩位移量接近最大，并产生很大的力，通过绝缘油对油箱壁造成冲击。在励磁电流正半周的大部分时间里铁芯磁致伸缩位移量总是很大，但变化较小，使得油箱振动高频成分较为丰富。而在励磁电流负半周内磁致伸缩位移较小，冲击力较小，位移量变化近似是线性的。一个励磁周期的两个半周期内油箱受到的力是不平衡的：在铁芯磁通饱和半周，油箱受到磁致伸缩力较大，其振动具有鲜明的冲击特征，而在磁通未饱和半周，油箱的受力较小。在不同大小的两个半周期力的共同作用下，油箱的周期性振动信号产生。因此，振动信号一个周期的两个半周期相似度较差，于是可以得出偏磁的第一个特征也是最鲜明的特征，即直流偏磁振动信号的一个周期的两个半周期信号差异很大。

第二点，由于铁芯磁致伸缩的饱和特性，在一定幅值的励磁电流作用下铁芯达到磁通饱和，此后励磁电流半周期的一段时间内铁芯磁通都处于饱和状态，磁致伸缩位移改变量很小，只是对铁芯振动高频成分影响较大，也就是对振动加速度影响较大。若励磁

电流继续增大，铁芯磁致伸缩产生的形变力也不会再有显著的改变。因此油箱振动总能量在一定幅值范围内随偏磁电流的变化较小，这是偏磁振动的第二个特征，即直流偏磁振动能量在偏磁电流达到某个值后进入饱和，在振动信号上表现为主要振动频带上的能量饱和。

第三点，振动信号的总体能量饱和后，铁芯磁通还是会随着励磁电流的增大而有所增加，高频成分幅度也会随之增加。此外，部分零序谐波磁通可能会在空气和油箱壁中构成回路，造成油箱壁自身的振动增加。也就是说，振动信号随着中性点电流的增加将会产生更加严重的畸变。从信号分解的角度看，随着中性点直流的增加，振动信号高频段信息有所增加；从总体来看，信号自身含有的信息更加丰富，信号变得更加复杂。

由于漏磁场的改变量相对于绕组自身负载电流产生的漏磁场来说是很小的，因此偏磁对绕组自身振动的影响相对于负载电流产生的影响来说是较小的。

信号平均互信息量的降低是信号复杂度增加的一个集中体现，因此采用延时互信息将能够度量振动系统的复杂度增加。由于偏磁振动信号复杂度增加，信号中高频信息丰富，而信号整体上是以 50Hz 为周期波动，因此采用延时为 10ms 时的互信息可表征信号整体的复杂程度。此外，信号在一个周期内的两个半波不对称，延时为 10ms 时的互信息很小，可以用来表征前面的特征一。

对于前面述及的特征一，选取延时 10ms 时附近 6 个点的平均值作为度量，则特征量的计算可表示为

$$K_{\text{Feature2}} = 7 / \sum_{\tau_{100}-3}^{\tau_{100}+3} TDMI(\boldsymbol{Y}(t), \boldsymbol{X}(t+\tau)) \tag{1-33}$$

对于特征三，选取延时 20ms 时附近 $m=7$ 个点的平均值作为度量，则特征量的计算可表示为

$$K_{\text{Feature3}} = (2m+1) / \sum_{\tau_{50}-m}^{\tau_{50}+m} TDMI(\boldsymbol{Y}(t), \boldsymbol{X}(t+\tau)) \tag{1-34}$$

直流偏磁超过一定程度（中性点电流增大至一定数值）时，变压器的铁芯磁致伸缩位移很快进入饱和。磁致伸缩饱和后，铁芯形变导致的油箱应力的增加将主要体现在高频变化上，而整体冲击力的幅度改变不大。在一定作用力下，油箱振动振幅的改变量将会很小。因此，在超过一定程度的中性点电流的作用下，直流偏磁振动信号能量饱和将是振动信号的另一个重要特征，体现为其主要振动频段上能量的变化幅度较小。此外，信号高频段的变化能够体现直流偏磁程度，这本质上和特征三类似。

通过下面信号分解计算步骤能同时体现信号的能量饱和及信号高频能量增加的特征：

1）选用适当的方法对信号进行频谱分析、EEMD 分解或小波分解；

2）计算信号的特征频段能量以体现信号的饱和特征；

3）计算信号的高频段能量作为系统复杂度上升的特征。

由于 EEMD 分解或小波分解计算时间长，本书主要使用频谱分析的方法，但在本质上这三种分析方法是一致的。

4. 铁芯故障振动分析

在交变磁场作用下，变压器铁芯发生磁致伸缩变形进而产生振动；在电磁力作用下，变压器绕组和油箱产生振动，这是变压器运行时的正常现象。但当变压器在非正常励磁和超负荷运行时，其振动会发生显著变化，如振动的幅度变大、频率变高等，从而使变压器发出异常声响。尤其当变压器的中性点通过直流电流（中性点接地）时，会引起变压器铁芯直流偏磁现象，从而导致变压器铁芯处于饱和或过饱和状态，使变压器产生异常振动，严重时会导致包括绕组和铁芯自身的变压器内部紧固件发生松动、变形以及铁芯发热等故障。

铁芯的磁致伸缩效应随温度的变化很明显，即当铁芯温度改变时，其磁致伸缩效应也会有很显著的变化，如图 1-5 所示。铁芯多点接地是变压器铁芯比较常见的故障，当变压器铁芯发生多点接地时，铁芯的温度会快速升高。当磁场强度等影响因素不变时，铁芯温度的快速升高，将会导致铁芯磁致伸缩效应的加强，进而使铁芯的振动变强。而当变压器正常运行时，可以近似认为运行电压是稳定的，铁芯的温度变化也不是很大，因此铁芯的磁致伸缩效应几乎不变，由磁致伸缩引起的铁芯振动也基本不变。所以，当铁芯发生多点接地时，其温度的变化会直接反映在铁芯振动的改变上，也就是说通过监测变压器铁芯的振动信号，可以发现铁芯多点接地故障。

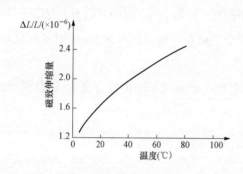

图 1-5　变压器磁性硅钢片的磁致伸缩效应和
铁芯温度之间的关系

三、振动传递特征

对于一个处于工作状态的变压器而言，其油箱表面的振动主要是由变压器内部的铁芯和绕组所产生的振动经由绝缘油和油箱的传递、混合而成的，对变压器的状态监测也主要是针对绕组、铁芯运行状况的监测。变压器绕组及铁芯的振动会通过变压器绝缘油和支撑部件传到油箱壁上，所以通过监测变压器油箱壁上的振动就可以反映出绕组和铁芯的振动。振动信号在变压器器身的传递过程如图 1-6 所示。其中，绕组振动主要来自电流流过线圈时产生的电动分布力 $\hat{F}_W(x_W \mid t)$，x_W 为激励点位置，该电动分布力大小与流过该位置的电流平方成正比，因此绕组的振动以电流频率的倍频 100Hz 为主；而铁芯

振动主要来自铁芯的磁致伸缩及硅钢片接缝和叠片中间的漏磁所产生的电磁分布力 $\hat{F}_\text{C}$ $(\boldsymbol{x}_\text{C}\,|\,t)$，$\boldsymbol{x}_\text{C}$ 为激励点位置。磁致伸缩的变化周期为电源电流周期的一半，故磁致伸缩引起铁芯振动的基频为两倍电源频率。由于磁致伸缩中的非线性因素，铁芯振动信号的基频虽然也为 100Hz，但是仍然存在部分幅值较高且为 50Hz 倍数的高次谐波。另外，变压器其他部件的振动也会对油箱表面的测量结果造成影响，如有载分接开关及冷却系统等。关于有载分接开关与铁芯、绕组混合振动的分离算法在此不进行分析；而变压器的冷却系统如风扇等，其产生的振动信号的频段主要为低频段，且一般不为 50Hz 的倍频，比较容易检测与排除。因此，变压器本体（铁芯、绕组的统称）的振动源及相关传递过程简化如图 1-6 所示。

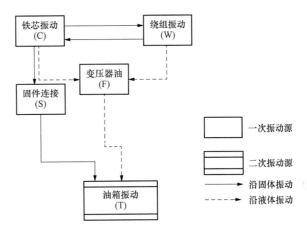

图 1-6　变压器中的振动传递过程

由图 1-6 可知，油箱壁位置 $\boldsymbol{x}_\text{T}$ 处的振动主要由两个部分构成，即

$$v_\text{T}(\boldsymbol{x}_\text{T}\,|\,t) = v_\text{W}(\boldsymbol{x}_\text{T}\,|\,t) + v_\text{C}(\boldsymbol{x}_\text{T}\,|\,t) \tag{1-35}$$

式中　$v_\text{W}(\boldsymbol{x}_\text{T}\,|\,t)$——绕组振动传递至油箱壁位置 $\boldsymbol{x}_\text{T}$ 处的振动速度；

$v_\text{C}(\boldsymbol{x}_\text{T}\,|\,t)$——铁芯振动传递至油箱壁位置 $\boldsymbol{x}_\text{T}$ 处的振动速度。

根据绕组振动传递路径可知，绕组振动是经过：①绕组—铁芯—固件连接—外壳；②绕组 铁芯 绝缘油 外壳；③绕组 绝缘油 外壳这三条不同的传递路径至油箱壁位置 $\boldsymbol{x}_\text{T}$ 处。因此，可将 $\boldsymbol{x}_\text{T}$ 处的 $v_\text{W}(\boldsymbol{x}_\text{T}\,|\,t)$ 写作

$$v_\text{W}(\boldsymbol{x}_\text{T}\,|\,t) = v_\text{W1}(\boldsymbol{x}_\text{T}\,|\,t) + v_\text{W2}(\boldsymbol{x}_\text{T}\,|\,t) + v_\text{W3}(\boldsymbol{x}_\text{T}\,|\,t) \tag{1-36}$$

式中 $v_\text{W1}(\boldsymbol{x}_\text{T}\,|\,t)$，$v_\text{W2}(\boldsymbol{x}_\text{T}\,|\,t)$ 及 $v_\text{W3}(\boldsymbol{x}_\text{T}\,|\,t)$ 分别为绕组振动经过 3 条传递路径传递至 $\boldsymbol{x}_\text{T}$ 处的振动速度。对于某一结构体，其在 $\boldsymbol{x}_i$ 位置处的振动响应与点激励力 $F_k(\boldsymbol{x}_0\,|\,t)$ 的关系为

$$v(\boldsymbol{x}_i\,|\,t) = \sum_k h_k(\boldsymbol{x}_i,\boldsymbol{x}_0\,|\,t) * F_k(\boldsymbol{x}_0\,|\,t) \tag{1-37}$$

式中 $h_k(\boldsymbol{x}_i,\boldsymbol{x}_0\,|\,t)$ 为激励点 $\boldsymbol{x}_0$ 与响应点 $\boldsymbol{x}_i$ 间的结构单位脉冲响应，而算子"＊"表示卷积。

因此，对于分布力作用下的油箱壁位置 $\boldsymbol{x}_\text{T}$ 处的 $v_\text{W1}(\boldsymbol{x}_\text{T}\,|\,t)$，$v_\text{W2}(\boldsymbol{x}_\text{T}\,|\,t)$ 及 $v_\text{W3}(\boldsymbol{x}_\text{T}\,|\,t)$ 可分别表示为

$$v_\text{W1}(\boldsymbol{x}_\text{T}\,|\,t) = \int_{V_\text{W}} h_\text{W1}(\boldsymbol{x}_\text{T},\boldsymbol{x}_\text{W}\,|\,t) * F_\text{W}(\boldsymbol{x}_\text{W}\,|\,t)\mathrm{d}V_\text{W}$$

$$v_{W2}(\boldsymbol{x}_T | t) = \int_{V_W} h_{W2}(\boldsymbol{x}_T, \boldsymbol{x}_W | t) * F_W(\boldsymbol{x}_W | t) \mathrm{d}V_W$$

$$v_{W3}(\boldsymbol{x}_T | t) = \int_{V_W} h_{W3}(\boldsymbol{x}_T, \boldsymbol{x}_W | t) * F_W(\boldsymbol{x}_W | t) \mathrm{d}V_W \tag{1-38}$$

式中 $h_{W1}(\boldsymbol{x}_T, \boldsymbol{x}_W | t)$，$h_{W2}(\boldsymbol{x}_T, \boldsymbol{x}_W | t)$ 及 $h_{W3}(\boldsymbol{x}_T, \boldsymbol{x}_W | t)$ 分别表示不同振动传动路径条件下绕组受力点 $\boldsymbol{x}_W$ 与油箱壁响应点 $\boldsymbol{x}_T$ 间的结构单位脉冲响应；V_W 表示绕组的体积。

铁芯振动的传递路径为：①铁芯—固件连接—外壳；②铁芯—绝缘油—外壳；③铁芯—绕组—绝缘油—外壳。因此，可将 $\boldsymbol{x}_T$ 处的铁芯振动响应 $v_C(\boldsymbol{x}_T | t)$ 写作

$$v_C(\boldsymbol{x}_T | t) = v_{C1}(\boldsymbol{x}_T | t) + v_{C2}(\boldsymbol{x}_T | t) + v_{C3}(\boldsymbol{x}_T | t) \tag{1-39}$$

$$v_{C1}(\boldsymbol{x}_T | t) = \int_{V_C} h_{C1}(\boldsymbol{x}_T, \boldsymbol{x}_C | t) * F_C(\boldsymbol{x}_C | t) \mathrm{d}V_C$$

$$v_{C2}(\boldsymbol{x}_T | t) = \int_{V_C} h_{C2}(\boldsymbol{x}_T, \boldsymbol{x}_C | t) * F_C(\boldsymbol{x}_C | t) \mathrm{d}V_C$$

$$v_{C3}(\boldsymbol{x}_T | t) = \int_{V_C} h_{C3}(\boldsymbol{x}_T, \boldsymbol{x}_C | t) * F_C(\boldsymbol{x}_C | t) \mathrm{d}V_C \tag{1-40}$$

式中 $h_{C1}(\boldsymbol{x}_T, \boldsymbol{x}_C | t)$，$h_{C2}(\boldsymbol{x}_T, \boldsymbol{x}_C | t)$，$h_{C3}(\boldsymbol{x}_T, \boldsymbol{x}_C | t)$ 分别表示不同振动传动路径条件下，铁芯受力点 $\boldsymbol{x}_W$ 与油箱壁响应点 $\boldsymbol{x}_T$ 间的结构单位脉冲响应；V_C 表示铁芯的体积。

绕组的电动分布力 $\hat{F}_W(\boldsymbol{x}_W | t)$ 主要是由流过绕组线圈的电流 $\hat{i}(t)$ 产生，因此该分布力可写作关于电流的非线性函数 $G_W(\boldsymbol{x}_W, \hat{i}(t))$。铁芯的电磁分布力 $\hat{F}_C(\boldsymbol{x}_C | t)$ 则与变压器的电压、电流有关，即

$$\hat{F}_C(\boldsymbol{x}_C | t) = G_{C1}(\boldsymbol{x}_C, \hat{u}(t)) + G_{C2}(\boldsymbol{x}_C, \hat{i}(t)) \tag{1-41}$$

由于电流对铁芯振动的影响较小，则可将 $\hat{F}_C(\boldsymbol{x}_C | t)$ 直接写为 $G_C(\boldsymbol{x}_C, \hat{u}(t))$。

将上述非线性函数 $G_W(\boldsymbol{x}_W, \hat{i}(t))$ 和 $G_C(\boldsymbol{x}_C, \hat{u}(t))$ 代入式（1-36）～式（1-39）中，可得

$$
\begin{aligned}
v_W(\boldsymbol{x}_T | t) &= \int_{V_W} (h_{W1}(\boldsymbol{x}_T, \boldsymbol{x}_W | t) + h_{W2}(\boldsymbol{x}_T, \boldsymbol{x}_W | t) \\
&\quad + h_{W3}(\boldsymbol{x}_T, \boldsymbol{x}_W | t)) * G_W(\boldsymbol{x}_W, \hat{i}(t)) \mathrm{d}V_W \\
&= \int_{V_W} h_W(\boldsymbol{x}_T, \boldsymbol{x}_W | t) * G_W(\boldsymbol{x}_W, \hat{i}(t)) \mathrm{d}V_W
\end{aligned} \tag{1-42}
$$

从而可将油箱壁位置 $\boldsymbol{x}_T$ 处的振动重新描述为

$$
\begin{aligned}
v_T(\boldsymbol{x}_T | t) &= v_W(\boldsymbol{x}_T | t) + v_C(\boldsymbol{x}_T | t) \\
&= \int_{V_W} h_W(\boldsymbol{x}_T, \boldsymbol{x}_W | t) * G_W(\boldsymbol{x}_W, \hat{i}(t)) \mathrm{d}V_W
\end{aligned}
$$

$$+ \int_{V_C} h_C(\boldsymbol{x}_T, \boldsymbol{x}_C \mid t) * G_C(\boldsymbol{x}_C, \hat{u}(t)) \mathrm{d}V_C \tag{1-43}$$

由式（1-43）可知，由于受到传递路径、结构响应及非线性等因素的影响，很难仅通过盲源分离的方法从油箱壁振动 $v_T(\boldsymbol{x}_T \mid t)$ 中对绕组或铁芯某一部位的振动进行分离提取。然而，若能将油箱壁振动 $v_T(\boldsymbol{x}_T \mid t)$ 中的由绕组所贡献的振动 $v_w(\boldsymbol{x}_T \mid t)$ 与铁芯所贡献的振动 $v_C(\boldsymbol{x}_T \mid t)$ 进行分离，可分别对 $v_w(\boldsymbol{x}_T \mid t)$ 和 $v_C(\boldsymbol{x}_T \mid t)$ 利用系统辨识、传递路径分析等方法进行分析与处理，从而为进一步获得绕组、铁芯等机械结构的状态信息提供了可能性。

然而需要注意的是，目前大多数针对变压器振动分离的研究主要是通过将不同油箱壁位置所获得的振动作为混合信号样本，并利用相关盲源分离算法对其进行分离。但是实际上对于不同油箱壁位置 $\boldsymbol{x}_T$ 与 $\boldsymbol{x}_T'$，两者所对应的振动传递路径不同，油箱壁位置 $\boldsymbol{x}_T'$ 的振动可描述为

$$v_T(\boldsymbol{x}_T' \mid t) = v_w(\boldsymbol{x}_T' \mid t) + v_C(\boldsymbol{x}_T' \mid t) \neq a v_w(\boldsymbol{x}_T \mid t) + b v_C(\boldsymbol{x}_T \mid t) \tag{1-44}$$

式中 a、b——实数。

因此，对于不同油箱壁位置所测得的振动，其所对应的分离目标并不相同。

另外，变压器在正常运行时，其输入电压、电流值均会随时间发生变化，其中负载电流变化较大。对于变压器油箱位置 $\boldsymbol{x}_T$ 处的振动，当电压为 $\hat{u}_1$、电流为 $\hat{i}_1$ 时，某时刻 t 的样本为

$$v_T(\boldsymbol{x}_T \mid t) = \int_{V_W} h_W(\boldsymbol{x}_T, \boldsymbol{x}_W \mid t) * G_W(\boldsymbol{x}_W, \hat{i}_1(t)) \mathrm{d}V_W$$

$$+ \int_{V_C} h_C(\boldsymbol{x}_T, \boldsymbol{x}_C \mid t) * G_C(\boldsymbol{x}_C, \hat{u}_1(t)) \mathrm{d}V_C \tag{1-45}$$

而对于另一时刻 t'，电压、电流分别为 $\hat{u}_1 + \Delta \hat{u}$ 和 $\hat{i}_1 + \Delta \hat{i}$ 时，$\boldsymbol{x}_T$ 处的振动样本为

$$v_T(\boldsymbol{x}_T \mid t') = \int_{V_W} h_W(\boldsymbol{x}_T, \boldsymbol{x}_W \mid t') * G_W(\boldsymbol{x}_W, \hat{i}_1 + \Delta \hat{i}) \mathrm{d}V_W$$

$$+ \int_{V_C} h_C(\boldsymbol{x}_T, \boldsymbol{x}_C \mid t') * G_C(\boldsymbol{x}_C, \hat{u}_1 + \Delta \hat{u}) \mathrm{d}V_C \tag{1-46}$$

考虑到绕组振动中的非线性较小且主要为 100Hz 振动，当负载在一定范围内变化时，其振动变化可视为线性，即 $G_W(\boldsymbol{x}_W, \hat{i}_1 + \Delta \hat{i}) \approx b_{21} G_W(\boldsymbol{x}_W, \hat{i}_1)$，$b_{21} \in \boldsymbol{C}$。鉴于磁致伸缩效应的强非线性特性，仅当 $\Delta \hat{u}(t) \approx 0$ 时，可将铁芯振动视为无变化或很小的线性变化，即 $G_C(\boldsymbol{x}_C, \hat{u}_1 + \Delta \hat{u}) \approx b_{22} G_C(\boldsymbol{x}_C, \hat{u}_1)$，$b_{22} \in \boldsymbol{C}$，此时可以得到

$$v_T(\boldsymbol{x}_T \mid t') = \int_{V_W} h_W(\boldsymbol{x}_T, \boldsymbol{x}_W \mid t') * b_{21} G_W(\boldsymbol{x}_W, \hat{i}_1) \mathrm{d}V_W$$

$$+ \int_{V_C} h_C(\boldsymbol{x}_T, \boldsymbol{x}_C | t') * b_{22} G_C(\boldsymbol{x}_C, \hat{u}_1) dV_C \qquad (1-47)$$

$$= b_{21} v_W(\boldsymbol{x}'_T | t) + b_{22} v_C(\boldsymbol{x}'_T | t)$$

因此，当电压变化很小（$\Delta \hat{u}(t) \approx 0$）时，在油箱壁 $\boldsymbol{x}_T$ 处采集的不同振动样本的离散信号形式可写为

$$\begin{cases} v_{T, \boldsymbol{x}_T, 1}(n) = v_{W, \boldsymbol{x}_T}(n) + v_{C, \boldsymbol{x}_T}(n) \\ v_{T, \boldsymbol{x}_T, 2}(n) = b_{21} v_{W, \boldsymbol{x}_T}(n) + b_{22} v_{C, \boldsymbol{x}_T}(n) \end{cases} \qquad (1-48)$$

从而将变压器中的振动混合模型转化为传统的盲源信号分离（Blind Source Separation，BSS）问题，并寻找合适的分离算法对 $v_{W, \boldsymbol{x}_T}(n)$ 及 $v_{C, \boldsymbol{x}_T}(n)$ 进行分离与提取。

根据上述讨论可对油箱壁振动建立模型，如图 1-7 所示。

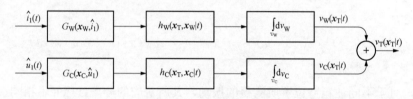

图 1-7 油箱壁振动模型

当成功提取出 $v_{W, \boldsymbol{x}_T}(n)$ 及 $v_{C, \boldsymbol{x}_T}(n)$ 后，仅绕组激励与仅铁芯激励条件下的振动模型与经典非线性模型中的 Hammerstein - Wiener 模型结构十分相似，从而可对单激励条件下的变压器振动系统进行基于 Hammerstein - Wiener 模型的系统识别，如图 1-8 所示。

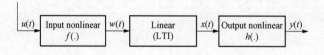

图 1-8 Hammerstein - Wiener 模型

基于 Hammerstein - Wiener 模型的系统识别主要包括：输入端及输出端的静态非线性函数识别，以及线性动态模块的识别。

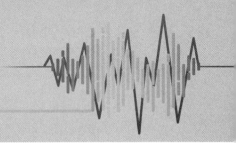

第二章　振动检测方法及分析

第一节　振动检测方法

一、基本知识

变压器振动分析法是变压器监测的一种有效方法，它对变压器的机械结构特征反应灵敏，是对变压器机械故障模拟试验的一个有效补充。变压器因器身的材料材质、设计参数、制造尺寸、安装方式、运行工况等因素的不同，在运行中产生的振动及其特性存在较大差异。由于上述因素除运行工况外在变压器出厂时就已确定，因此排除运行工况的影响，特定变压器的振动具有确定的振动特性，而且能够通过提取振动信号中的特征信息来有效反映绕组变形、松动和移位等机械结构参数的变化，由此可以对绕组和铁芯的实际状态进行估测，从而为判断变压器机械稳定性和抗短路能力提供依据。

振动分析从变压器本体（铁芯、绕组等的统称）的机械结构特征出发，将其视为一个由质量、刚度、阻尼等组成的机械结构体，当本体结构或受力发生任何变化时，都可以从它的振动特性上得到反映。振动是通过变压器内部结构连接件传递到变压器箱体的，所以变压器箱体表面检测得到的振动信号，与变压器的振动特性有密切关系，从而可以使用信号处理方法对原始振动信号进行特征量提取，通过特征量来诊断变压器的运行状态、故障位置、部件损坏程度等。因此，振动检测方法可以作为变压器故障诊断的一个途径。

在变压器工作过程中，铁芯表面温度的波动异常，压紧力的下降及绝缘层的破坏，绕组发生不同程度的轴向、径向变形及不对称程度的增加等都可以通过振动信号的变化反映出来，所以利用振动检测方法能够对绕组和铁芯的实际状况进行有效检测。

通过对变压器振动状态信息量的实时监测，与正常运行时的变压器振动信号做对比，可掌握变压器的运行状况，并判断其内部是否存在故障。所以开展变压器振动机理和异常状态监测相关的研究，及时并准确地发现故障，减少变压器因故障造成的损失，对于保证变压器安全可靠运行有重要意义。

振动检测的优点在于其与变压器没有电气连接，对整个电力系统的正常运行无任何影响，可以快速、安全、可靠地长期地进行实时带电检测，从而达到对变压器机械特性进行动态和趋势分析等的目的，具有安全可靠和实时监测的优势。同时将振动检测分析方法作为变压器短路故障后的跟踪诊断手段替代绕组变形测试或低电压短路阻抗测试，可以大大减少短路故障后变压器停运诊断的时间，能够及时恢复送电，减少供电损失，具有很高的经济效益和社会效益。

二、测点布置

在变压器振动在线监测的实际应用中，一般是通过测试油箱表面的振动信号并分析其振动特性来达到对变压器绕组状态监测或故障诊断的目的的，因此油箱表面的振动特性研究是至关重要的。变压器绕组和铁芯是庞大的振动体，它们的振动具有局部性和较强的耦合性，再加上振动传递的复杂性，油箱表面或绕组不同位置测得的振动信号各不相同，不同测点振动的频率成分以及振动幅值都会有所变化。

振动的分布与变压器内部的机械结构有关，其内部存在交变磁场，外部受油泵、风扇等冷却装置及环境噪声的影响，振动较为复杂。振动传感器采集信号时，单个或少数几个测点容易产生较大的测量误差，难以全面准确地反映变压器绕组状态，需要多个测点采集振动信号。变压器体积较大，工作时内部绕组各点的振动皆不相同，由于油箱结构的不一致性和绕组振动传播过程的复杂性，油箱表面上的振动并不都能有效地体现变压器绕组的状况。再者箱体的振动特征往往和最近的振动源最为相关，可以通过在箱体表面的几个关键部位安装振动传感器进行监控，对比分析不同测点的振动情况，便可判断出故障发生的位置。因此对油箱表面的振动信号进行研究分析，合理地选择振动测点位置对实现变压器振动在线状态监测和故障诊断是至关重要的。

在在线振动检测试验前，首先要研究同一厂家、同一设计结构的变压器在相同运行工况下的振动特性差异，并结合测试过程中测点不同的位置，以及同一变压器不同区域振动信号的测试，归纳总结变压器振动敏感区域的选择方案，提出确定变压器振动敏感区域和振动测点位置的方法。研究结果表明，在进行变压器振动测试时，振动测点应尽量选取距离变压器绕组最近的油箱壁处，测点对应绕组的上部、下部两点布置。对于体积较大的变压器可以采用上部、中部、下部三点布置。

三相变压器典型的振动测点布置可按图 2-1 所示的方式进行，该测点布置方式也同样适用于单相变压器的振动测试。

测点高度推荐值为油箱高度的 1/4 和 3/4 处，在进行多次测量或进行历史数据比较时，每次检测的测点位置应保持不变。

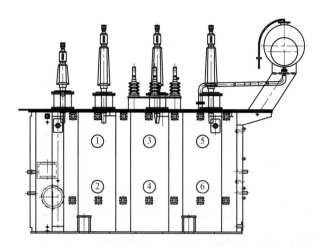

图 2-1 三相变压器典型的振动测点布置

三、固定方式

传感器采用永磁体等方式吸附于变压器油箱表面，磁体应有足够的吸附力以使传感器在测试过程中与油箱表面紧密接触。

四、采样方式

采样方式可根据设备性能采用手动和自动两种方式。采样频率为 10kHz，每次采样时间最好不少于 50ms。采用手动方式时手动控制开始和结束，中间不间断采样；采用自动方式时每分钟进行一次全部通道的信号采集。

五、检测仪器要求

振动检测所用的仪器由硬件系统和软件系统组成，其中硬件系统应包括传感器、信号调理模块、信号采集模块、中央处理器等；软件系统应包括变压器振动信号采集与处理模块、机械稳定性分析诊断模块等。测试系统同时应满足以下条件：

（1）输入信号及通道数。设备应至少设置有 6 路振动加速度通道、1 路电压通道和 1 路电流通道。

（2）振动信号采样参数。设备采样信号的采样频率应在 200kHz 以上，采样精度优于 ±2%，采样时间不少于 50ms，带宽应覆盖 2Hz～2kHz。

（3）传感器（灵敏度）及量程。用于噪声检测的传感器直接影响检测的准确性和可靠性，其灵敏度应优于 100～500mV/g，为覆盖变压器机械振动范围，其量程应不小于 5～50g，同时传感器检测带宽应不小于 10kHz。

（4）通信方式。为便于检测数据的存储、分析，检测设备应具备通过 WiFi、以太网、USB 等通信方式进行数据保存、传输的功能。

六、振动信号预处理

由于变压器工作环境的复杂性，振动信号的采集不可避免地会受到环境噪声、电磁干扰等的影响，从而造成信号信噪比低，为了更好地对信号进行处理，有必要对原始振动信号进行滤波和去噪等预处理操作。

在实际振动检测过程中，传感器自身因环境温度的变化会造成所测信号和原始基线位置相差较远，导致信号中出现缓变的低频趋势项，将包含低频趋势项的信号进行变换或处理时，低频趋势项的影响将被放大，导致得到的结果严重失真，因此滤波和去噪预处理操作尤为重要。考虑到铁芯和绕组的振动信号频带范围基本位于 100～2000Hz 间，因此可采用带通滤波器来去除信号中的低频趋势项及变压器其他附件振动所带来的高频噪声。

第二节　振 动 检 测 分 析

变压器机械稳定性振动带电检测法是在不停电情况下对变压器进行检测，并综合分析，进而判断变压器内部的机械稳定性状况。变压器机械稳定性振动带电检测法主要采用以下四种特征值进行分析：频率复杂度、振动平稳性、能量相似度和振动相关性，必要时还应结合变压器绕组的等值电容、短路阻抗、绕组频率响应、油色谱数据、局部放电、绕组直流电阻等进行综合分析判断。

一、频率复杂度分析

在实际测量中发现，变压器的振动成分主要集中在 2000Hz 以内。所有谐波频率都是 50Hz 的整数倍，因此只取 50～2000Hz 内 50Hz 整数倍的谐波分量进行分析。定义频率 f 的谐波比重为

$$p_f = \frac{E_f}{E_{f=100} + E_{f=200} + \cdots + E_{f=2000}}, \ E_f = w_f^2 A_f^2 \qquad (2-1)$$

式中　$f=50$，100，$\cdots$，2000Hz；

　　A_f——频率为 f 的振动谐波幅值大小；

　　w_f——频率为 f 的权重系数。

通过对大量事故变压器和异常变压器的分析，发现振动信号中包含的高频成分对变压器故障诊断起了至关重要的作用，为了突出高频振动对诊断结果的影响，权重系数定

义为

$$w_f = f/f_{\max} \qquad (2-2)$$

式中　$f_{\max}$——选择的最大频率值。

变压器在正常运行时，油箱壁振动不仅包含了绕组振动，而且还包含了铁芯振动，因此油箱壁振动谐波比重除了受负载电流影响外，还受到电压波动的影响。对于一台正常运行的变压器，油箱壁振动谐波比重会在一定范围内波动。

油箱壁振动频率成分的复杂度可定义为

$$O_{\mathrm{FCA}} = -\sum_f p_f \ln(p_f) \qquad (2-3)$$

式中　p_f——油箱壁振动频率 f 的谐波比重，$f=50$，100，$\cdots$，$2000\,\mathrm{Hz}$。

频率成分的复杂度 O_{FCA} 反映的是信号中频率成分的复杂性。频率成分复杂度越低，油箱壁振动能量越集中于少数几个频率成分；相反，频率成分复杂度越高，能量越分散。变压器正常运行时的频率成分通常只集中在几个有限的频率上，即频率复杂度较小。同时，频率复杂度大小与绕组和铁芯的机械结构状态有关，如果只有局部测点的频率复杂度值过大，通常预示该测点附近的绕组结构出现了问题；如果大多数测点的频率复杂度值过大，则说明铁芯出现异常的可能性较大。谐波比重 p_f 是油箱壁振动某个频率成分的特征量，而 O_{FCA} 反映的是油箱壁振动所有频率成分的特性。

二、振动平稳性分析

目前很多对变压器振动的研究都是基于一个假设，即振动信号是平稳信号。一些传统的信号处理方法都是在此基础之上提出的，如傅里叶变换等。然而，变压器的振动信号并不是严格意义上的平稳性信号，特别是对于异常变压器而言。正常的变压器可以认为是一个确定性系统，也就是说对于相同的输入参数和起始条件会得到相同的振动。当变压器结构出现异常时，系统将变得不确定，同时随机振动也将出现。这就是提出利用平稳性算法来诊断变压器机械稳定性的原因。

动力学系统三要素分别是空间变量、连续或离散时间变量及系统随时间演变的规律，相空间中的点表示系统可能的状态。假定一个系统在时间 t 的状态由 d 个元素所确定，那么这些参数可以组成一个 d 维的向量，即

$$\boldsymbol{x}(t) = [x_1(t), x_2(t), \cdots, x_d(t)]^{\mathrm{T}} \qquad (2-4)$$

一般来说，系统随时间演变的规律是指能从系统所有过去的状态确定其在任何时间 t 的状态的规律。也就是说，系统的演变规律是时变的而且具有无穷的过去的状态。但在实际操作中，通常采用的运动规律都是给定任意时刻的系统状态便可以给出系统未来任意时刻的状态，对于连续系统来说，系统运动规律通常由一组微分方程给出，即

$$\dot{x}(t) = \frac{\mathrm{d}x}{\mathrm{d}t} = F[x(t)], F : R^{\mathrm{d}} \rightarrow R^{\mathrm{d}} \tag{2-5}$$

式中　$x(t)$——相空间的轨迹。

但事实上并非系统所有相关的元素都能够被测量或者已知，往往可能只有一个变量的离散时间能被测量，如此相空间重构技术便应运而生。相空间重构一般采用延时的方法，可表示为

$$x_i = \sum_{j=1}^{m} \mu_{i+(j-1)\tau} \boldsymbol{e}_j \tag{2-6}$$

式中　j——嵌入空间；

　　　τ——延时时间；

　　　$\boldsymbol{e}_j$——单位向量，而且张成整个 j 维正交空间，也就是说 $\boldsymbol{e}_j \cdot \boldsymbol{e}_j = \delta$，假定 D_2 是系统吸引子的关联维数，那么如果 $m \geqslant 2D_2 + 1$，Takens 定理可以保证原始系统吸引子和重建吸引子是微分同胚的。在时间序列分析中，嵌入参数 j 和 τ 需要进行恰当的选择。

递归图是采用图形方式描述信号中存在的结构（如确定性）的技术，它体现了待研究系统产生的时间序列在所有可能时间尺度上的自相关性，因此可以认为它是一个系统全局相关结构的展现。基于系统中 N 个离散记录点的系统响应的回归图由如下矩阵决定

$$\boldsymbol{R}_{i,j}(\varepsilon) = \Theta(\varepsilon - \| x_i - x_j \|), i, j = 1, \cdots, N \tag{2-7}$$

式中　ε——距离尺度的阈值参数；

　　　$\| x_i - x_j \|$——取 m 维距离矢量的范数；

　　　Θ——Heaviside 函数 $[\Theta(x) = 0, \ x > 0,$ 否则 $\Theta(x) = 1]$，其作用是使 $\boldsymbol{R}_{i,j}$ 的值为 1 或者 0，这完全取决于点 i 和点 j 之间的距离是否大于或小于 ε 这个阈值参数。

本书中使用的三个特征为确定度（Determinism Certainty，DET）、平均斜对角线长度（Average Diagonal Line Length，L）和 RP 熵（Entropy，ENTR）。这三个特征与斜对角线结构相关的度量均基于递归图斜对角线长度的直方图形式，即

$$\boldsymbol{P}(\varepsilon, l) = \sum_{i,j=1}^{N} [1 - \boldsymbol{R}_{i-1,j-1}(\varepsilon)][1 - \boldsymbol{R}_{i+l,j+l}(\varepsilon)] \prod_{k=0}^{l-1} \boldsymbol{R}_{i+k,j+k}(\varepsilon) \tag{2-8}$$

以 $\boldsymbol{P}(l)$ 代表 $\boldsymbol{P}(\varepsilon, l)$，确定性度量可用式（2-9）计算，即

$$U_{\mathrm{DET}} = \frac{\sum\limits_{l=l_{\min}}^{N} l\boldsymbol{P}(l)}{\sum\limits_{l=1}^{N} l\boldsymbol{P}(l)} \tag{2-9}$$

式中 l_{min}——斜对角线的最小长度，由于随机数据中连续点很少，通常使用的 $l_{min}=2$。

给定足够长的时间，确定性系统总是会访问相空间中的相同区域。确定性系统因为遵循一定的动力学定律，因此相邻轨迹至少在一段较短的时间内将会以类似的方式演化。确定性度量反映了两个连续系统演化方式的相似度。结构变化将会降低两个系统（完好和压紧力变松）沿着相同的动力学轨道前进的概率，因此这个度量将会减小。

斜对角线与相空间轨迹的分散度相关，平均线长度表示两段轨迹互相靠近的平均时间。同样，结构变化会导致平均线长度减小，其计算公式为

$$L_{aver} = \frac{\sum_{l=l_{min}}^{N} l\boldsymbol{P}(l)}{\sum_{l=l_{min}}^{N} \boldsymbol{P}(l)} \tag{2-10}$$

RP 熵，即 H_{ENTR}，反映了一个给定变量即线长度的信息，其计算公式为

$$H_{ENTR} = \sum_{l=l_{min}}^{N} l \cdot \ln\boldsymbol{P}(l) \tag{2-11}$$

如果所有的线长度都是 2，则熵为零，动力学特性不复杂，而多种线长度则表示具有较高的熵值，其递归图较为复杂。但是线长度这个度量只是递归图的熵，并非实际系统的熵。

由于递归图的三个特征参数均反映了振动信号的平稳性特征，在最终分析结果中选择 U_{DET} 来表示。

三、能量相似度分析

能量相似度分析用于衡量不同负载条件下测点振动之间的相似性。从变压器振动原理可知，变压器油箱表面的振动主要来自绕组和铁芯。对于一个状态良好的变压器，其绕组振动主要集中在 100Hz，高频振动主要来自铁芯。在绕组机械结构不变，电流、电压、油温等相同的条件下，绕组上各个部位的振动分布基本不变，从而油箱壁振动分布也基本不变。当绕组发生变形等故障时，故障位置的振动必定发生变化，经传递到达油箱壁后，引起油箱壁振动的变化。由于绕组振动在传递过程中会衰减，导致油箱壁上有些区域的振动变化大，有些区域的振动变化较小，从而使得变压器油箱壁振动的分布特性发生改变。因此油箱壁振动能量分布特性的改变能够反映变压器内部机械结构的变化。

对于采集到的振动信号，先对时域信号进行傅里叶变换，然后把得到的频域振动分成不同的能量带。变压器的振动主要分布在 0~2000Hz，在以下的分析中，只取 400~2000Hz 的振动分量，并将这些能量分成 4 组，每组频带的宽度为 400Hz。于是，第 n 个能量带的能量定义为

$$x(n) = \sum_{f_{\text{width}}*n}^{f_{\text{width}}*(n+1)} A_f^2 \tag{2-12}$$

式中　A_f——频率 f 所对应的振动幅值。

在得到每组的能量后，还要对其进行归一化处理。归一化过程如式（2-13）所示，目标是把绝对的能量大小转化成相对的百分比值，即

$$v(n) = x(n)/\sum_{n=1}^{N} x(n) \tag{2-13}$$

为了衡量能量的相似度，可以利用平均能量来表示目标值，并用测量值与目标值之间的距离来表示相似度。目标值是从大量历史数据中提取的，假设有 N 个特征向量样本 $v_i (i=1, 2, \cdots, N)$，则平均能量可以定义为

$$\mu = \frac{1}{N}\sum_{i=1}^{N} v_i \tag{2-14}$$

定义一个参数，即能量差异率（Energy Difference Ratio，EDR），它表示多个测量值与目标值之间的平均距离，其定义可表示为

$$D_{\text{EDR}} = \frac{1}{N}\sum_{i=1}^{N} \| v_i - \mu \| \tag{2-15}$$

能量相似度分析通过对比测量信号的能量分布与目标能量分布来判断变压器振动是否异常。当某个测点的 D_{EDR} 值突然变大，将意味着该测点附近的变压器机械结构可能出现异常。

四、振动相关性分析

根据变压器振动原理可知，绕组和铁芯的振动都是以 100Hz 为基频的。基频振动与电参数有着密切的关系，绕组基频振动与电流平方成正比，铁芯基频振动与电压平方成正比。因此，相关性分析提出的诊断模型只考虑振动的 100Hz 分量。

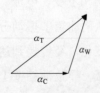

图 2-2　同频振动向量
之间的关系图

对于同频振动信号，可以用一张矢量图来表示绕组振动、铁芯振动、总振动三者之间的关系，如图 2-2 所示。总的振动可以理解为油箱表面振动的 100Hz 分量。总的振动不仅和电参数（电压、电流）有关，而且和阻抗角（又称功率因数角）有关，阻抗角是交流电路中相电压和电流之间的相位差。

从总的振动中分离出绕组振动分量是诊断模型中最关键的一步。当变压器正常运行时，绕组端电压和阻抗角的波动很小，特别是在短时间内基本保持不变。在实际应用中，当阻抗角小于 0.02rad，电流变化是导致总振动变化的唯一因素。在这种情况下，绕组振动变化量可以从两次测量的样本中计算得到，如图 2-3 所示。

α_1 和 α_2 是在不同负载下的两次总的振动数值；β 是两次振动的相位差，该相位差是在激励电流相位一致的情况下得到的。绕组的振动变化量计算公式为

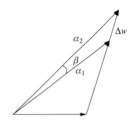

$$\Delta w = \sqrt{\alpha_1^2 + \alpha_2^2 - 2\alpha_1\alpha_2\cos\beta} \qquad (2-16)$$

图 2-3　两次测量样本间的绕组振动变化量示意图

对于来自每个传感器的振动信号，单独计算来自两次连续样本的振动变化量。Δw_{ij} 就是来自第 j 个振动传感器，并从第 i 和 $i+1$ 次测量中获取的振动变化量。正如绕组振动原理所提及的，绕组振动变化量应该与电流的变化量成正比，即

$$\Delta w_{ij} \propto (I_{i+1}^2 - I_i^2) \qquad (2-17)$$

为了分析各个测点之间绕组振动的相关性，在这里引入了主成分分析法（Principal Component Analysis，PCA）。根据资料显示，PCA 主要用于数据降维，对于由一系列元素组成的多维向量，PCA 的目的是找到那些变化大的元素，即方差大的那些维，而去除那些变化不大的维，从而留下特征维，减小计算量。首先利用以上计算得到的来自不同测点和不同样本的 Δw_{ij} 组成一个特征矩阵 $\boldsymbol{X}_{\text{origin}}$，其中 n 和 m 分别表示样本个数和传感器个数。在采集数据过程中，有两种采集方式：一种是连续采集，另一种是间隔采集。无论采集方式如何，最终都要提取出一个特征矩阵 $\boldsymbol{X}_{\text{origin}}$，即

$$\boldsymbol{X}_{\text{origin}} = \begin{pmatrix} \Delta w_{11} & \cdots & \Delta w_{1m} \\ \vdots & \ddots & \vdots \\ \Delta w_{n1} & \cdots & \Delta w_{nm} \end{pmatrix} \qquad (2-18)$$

矩阵 $\boldsymbol{X}_{\text{origin}}$ 不能直接用在 PCA 模型中，需要经过零均值化和归一化。归一化的矩阵称之为 $\boldsymbol{X}$，x_i 表示一个来自 m 个传感器的归一化后的向量，即

$$\boldsymbol{X} = \begin{bmatrix} \boldsymbol{x}_1^{\text{T}} \\ \vdots \\ \boldsymbol{x}_n^{\text{T}} \end{bmatrix} \in R^{n\times m}, \ \boldsymbol{x}_i = \begin{bmatrix} x_{i1} \\ \vdots \\ x_{im} \end{bmatrix} \qquad (2-19)$$

然后计算对应的协方差矩阵，再通过特征分解（Eigenvalue Decomposition，EVD）或者奇异值分解（Singularly Valuable Decomposition，SVD）对矩阵进行分解，即

$$C_{xx} = \frac{1}{m-1}\boldsymbol{X}^{\text{T}}\boldsymbol{X} = \boldsymbol{U}\Lambda\boldsymbol{U}^{\text{T}} \qquad (2-20)$$

式中　矩阵 $\boldsymbol{U}$ 中的每一列代表特征向量；

$\Lambda = \text{diag}\{\lambda_1, \lambda_2, \cdots, \lambda_m\}$ 包含了所有的特征值，并以降序方式排列（$\lambda_1 \geqslant \lambda_2 \geqslant \cdots \geqslant \lambda_m$）。

根据式（2-18），矩阵 $\boldsymbol{X}_{\text{origin}}$ 的每一列之间都成正比。因此，在理想情况下进行 PCA

变换后只有一个主成分分量。本方法提出了一个特征参数 λ_{MPC}，该参数表示主成分能量占总能量的比例，即

$$\lambda_{MPC} = \lambda_1 / \sum_{i=1}^{m} \lambda_i \qquad (2-21)$$

振动相关性分析用一个参数 λ_{MPC} 来表示各个传感器之间振动的相关程度。当 λ_{MPC} 值接近 1 时，表示各测点之间的振动以相同的方式在变化。当变压器内部机械结构发生变化时，如绕组发生变形，变压器产生的振动不再符合先前提到的数学模型。在这种情况下，各个测点之间的相关性会变差，λ_{MPC} 值会趋向于 0。

五、各特征参数判断阈值

在针对变压器进行振动测试分析时，可以根据振动信号的频率复杂度、振动平稳性、能量相似度和振动相关性这四个特征参量对变压器的整体状态进行一个综合分析判断。

对变压器整体运行状态阈值的总体判定方法是利用一台 110kV 的老旧变压器，返厂进行变压器机械故障模拟试验。通过动态调整影响变压器机械稳定的各个参数，使变压器机械稳定性从稳定状态逐步向失稳状态发展，期间反复测试变压器的振动信号，研究在变压器机械稳定性逐渐失稳过程中的振动特性变化，利用变压器振动特性诊断变压器机械稳定性，从而探索判断变压器机械特性失稳的振动特性阈值，继而用于判断变压器的运行状态。

对于一个实际运行的变压器，可根据变压器振动测试结果进行基于概率估计的变压器机械稳定性评估，并将变压器机械结构状态分为正常、注意、异常三种情况，判断依据如表 2-1 所示。

表 2-1　　　　　　　　　各诊断方法阈值与变压器机械结构状态的关系

特征参数	正常	注意	异常
频率复杂度（O_{FCA}）	$O_{FCA} \leqslant 1.7$	$1.7 < O_{FCA} < 2.1$	$O_{FCA} \geqslant 2.1$
振动平稳性（U_{DET}）	$U_{DET} \geqslant 0.5$	$0.3 < U_{DET} < 0.5$	$U_{DET} \leqslant 0.3$
能量相似度（D_{EDR}）	$D_{EDR} \leqslant 4\%$	$4\% < D_{EDR} < 7\%$	$D_{EDR} \geqslant 7\%$
振动相关性（λ_{MPC}）	$\lambda_{MPC} \geqslant 0.8$	$0.7 < \lambda_{MPC} < 0.8$	$\lambda_{MPC} \leqslant 0.7$

六、振动检测辅助方法

变压器油色谱数据跟踪检测方法，是对变压器类设备在出厂、运行和检修阶段进行故障检测的常用方法，检测技术较为成熟。当变压器在运行过程中发生故障时，变压器油受热分解产生的各种气体在油中的含量和产生速率较正常时会产生较大差异，通过对

绝缘油中溶解气体的测量和分析可以检测变压器的运行状态。例如，对油中含气量及成分进行色谱分析时，铁芯过热的故障表现为气体中的甲烷及烯烃组分含量较高，而一氧化碳、二氧化碳气体含量和以往相比变化不大；间接性多点接地故障则表现为气体中含有乙炔等气体。

油色谱数据分析主要通过对变压器绝缘油中的溶解气体进行取样，然后检测绝缘油中的乙炔含量来判断设备当前的运行状态，能够及时发现变压器内部是否出现局部过热或者局部放电的潜在性故障。其检测原理为变压器内部绝缘油会随着故障点温度的升高裂解产生烃类气体，乙炔在 $800\sim1200℃$ 下生成。所以出现乙炔气体时，说明高压并联电抗器内部已经出现电弧高能放电现象，因此急需内部检测与修复。

油色谱数据跟踪检测方法的不足之处在于当绕组、铁芯有形变隐患、紧固件有松动时，即使绕组松动或变压器轻微变形，由于绝缘没有破坏，变压器油中溶解总烃及各组分含量保持正常，在及时反映机械结构变化方面不够灵敏；同时还存在监测设备成本高，安装不便等不足。

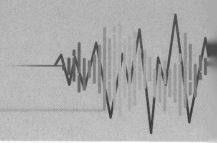

第三章 振动检测典型案例

案例1 220kV 主变压器绕组变形测试案例分析

一、案例概况

2012 年 3 月 6 日，某 220kV 主变压器遭受低压侧近区短路，短路电流 17.6kA，超过该主变压器可承受短路电流值（14kA），短路后的油色谱分析显示存在微量乙炔。为判断该主变压器运行状态是否良好，明确绕组等部件是否在短路过程中发生变形，对该主变压器进行了基于振动原理的变压器绕组变形带电检测。该主变压器型号为 OSFPS7 - 150000/220，1993 年 8 月生产。

二、振动测试

1. 测点布置

2012 年 3 月 8 日对该主变压器进行了基于振动原理的绕组变形测试。此次测试采用两台仪器对该主变压器进行测量，其中 $1 - x$ 表示编号为 1 的仪器的第 x 个测试通道，$2 - y$ 表示编号为 2 的仪器的第 y 个测试通道，圆圈表示对应传感器的位置。因为现场试验的特殊性，未按经典测点选择进行布置，测点相对位置如图 3 - 1 所示。

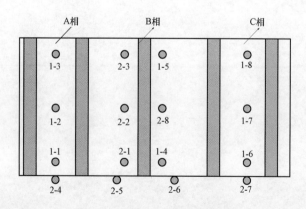

图 3 - 1 测点相对位置示意图

2. 测试结果

该主变压器振动测试典型测点的振动加速度波形和频谱如图 3-2 所示。从波形图来看，该主变压器的振动在正常范围之内；从频谱图来看，该主变压器的振动虽然主要分布在 1000Hz 以下，高次谐波分量较少，但低频部分出现了一些非整次谐波分量，噪声现象较为明显。

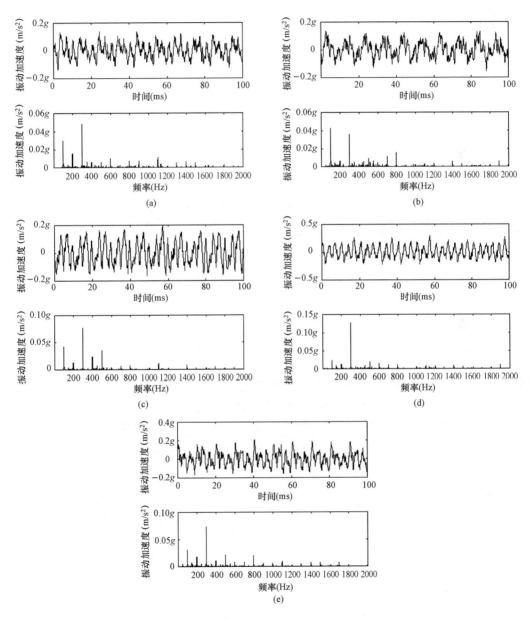

图 3-2　典型测点振动加速度波形和频谱图

(a) 测点 1；(b) 测点 2；(c) 测点 3；(d) 测点 4；(e) 测点 5

($g = 10 \text{m/s}^2$)

各个测点的振动特征值（列出前五个测点为例）见表 3-1。O_{FCA} 值结果表明，有四个测点处于可疑范围内，因此该主变压器振动的频率成分集中度不高，频率组成较复杂，整体运行状态较差。另外，所有测点的 U_{DET} 值都在 0.1 以下，说明测点对应位置的机械结构确定性极差，系统确定性也很低，该主变压器整体出现机械故障的可能性很高。从 D_{EDR} 值结果来看，各测点的值均超出阈值很多。从 λ_{MPC} 值结果来看，该主变压器的 λ_{MPC} 值为 0.67，可以判断出该主变压器机械稳定性异常，可能存在故障。

表 3-1 振动特征值结果

测点编号	注意值	1	2	3	4	5
O_{FCA}值	≤1.7	2.27	2.31	2.12	1.89	2.31
U_{DET}值	≥0.5	0.03	0.02	0.08	0.06	0.06
D_{EDR}值（%）	≤7	10.5	12.7	11.9	10.5	13.4
λ_{MPC}值	≥0.8	0.67				

根据频率复杂度分析、振动平稳性分析、能量相似度分析、振动相关性分析，该主变压器的各个指标参数均严重超过阈值，因此该主变压器被诊断为异常变压器，其内部极有可能存在绕组变形、铁芯松动等缺陷，存在较大的安全运行隐患，应立即进行停电检修。

三、常规项目检测

该主变压器于 2012 年 3 月 17 日停电检测的短路阻抗数据见表 3-2，测试结果表明，该主变压器绕组的短路阻抗误差指标大多超标。

表 3-2 短路阻抗数据（2012 年 3 月）

加压端	连接方式		分接挡位		阻抗电压 U_k（%）	U_k 初值（%）	U_k 误差（%） <±2
	测量部位	短路部位	测量侧	短路侧			
ABC-O	高压	中压	第1挡	第1挡	8.97	8.3	8.07
ABC-O	高压	中压	第3挡	第1挡	8.25	8.3	-0.60
ABC-O	高压	中压	第5挡	第1挡	7.65	8.3	-7.83
ABC-O	高压	低压	第1挡	第1挡	31.38	30.4	3.22
ABC-O	高压	低压	第3挡	第1挡	30.61	30.4	0.69
ABC-O	高压	低压	第5挡	第1挡	30.01	30.4	-1.28
ABC-O	中压	低压	第1挡	第1挡	20.39	20.2	0.94

该主变压器的油色谱历史数据见表 3 - 3。从油色谱历史数据来看，短路故障后该主变压器油中出现微量乙炔，同时氢气和总烃存在一定程度的增长。

表 3 - 3　　　　　　　　　　　　油 色 谱 历 史 数 据　　　　　　　　　　　　μL/L

日 期	H_2	CH_4	C_2H_6	C_2H_4	C_2H_2	CO	CO_2	总烃
2011 年 8 月	100.32	52.88	6.98	2.27	0	1726	2977	62.13
2012 年 7 月	122.62	63.03	9.75	3.18	0.38	1519	1798	76.33

结合该主变压器振动测试和常规电气测试的结果，分析认为该主变压器在遭受近区短路后绕组发生变形、铁芯松动的可能性极大，存在较大的运行风险，应尽快开展吊罩检查。

四、吊罩检查

2012 年 4 月 3 日，对该主变压器进行了吊罩解体，检查发现该主变压器低压侧 A 相绕组存在严重的扭曲变形（见图 3 - 3），与振动测试结果一致。

五、结论

这是一起典型的通过振动在线监测法发现、确诊变压器存在较为严重的绕

图 3 - 3　主变压器绕组吊罩检查结果

组变形缺陷的案例。该案例表明，基于振动原理的绕组变形带电测试方法对于绕组变形具有良好的检测效果。

案例 2　110kV 主变压器绕组变形测试案例分析

一、案例概况

2011 年 9 月 6 日，某 110kV 主变压器遭受低压侧近区短路，短路电流未超过该主压器可承受短路电流值，短路后油色谱试验数据未见明显异常。为判断该主变压器运行状态是否良好，明确绕组等部件是否在短路过程中发生变形，对该主变压器进行了基于振动原理的变压器绕组变形带电检测。该主变压器型号为 SFSZ7 - 31500/110，1989 年 11 月 1 日生产，1990 年 7 月 1 日投运。

二、振动测试

1. 测点布置

2011年9月28日对该主变压器进行了基于振动原理的绕组变形测试。此次测试采用两台仪器对该主变压器进行测量，其中$3-x$表示编号为3的仪器的第x个测试通道，$5-y$表示编号为5的仪器的第y个测试通道，圆圈表示对应传感器的位置。因为现场试验的特殊性，未按经典测点选择进行布置，测点相对位置如图3-4所示。

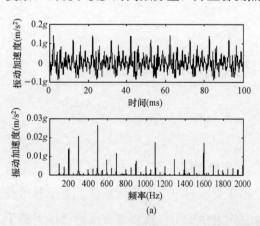

图3-4 测点相对位置示意图

（a）低压侧；（b）高压侧

2. 测试结果

该主变压器的8个典型测点的振动加速度波形和频谱如图3-5所示。由波形图可知，几个测点振动的周期性均不明显，波形杂乱且峰值较高；由频谱图可知，振动频率成分复杂，出现了较多的高频分量，并且各测点频点之间没有明显的规律性。

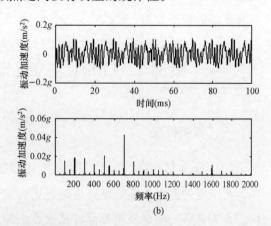

图3-5 典型测点振动加速度波形和频谱图（一）

（a）测点1；（b）测点2

（$g = 10\text{m/s}^2$）

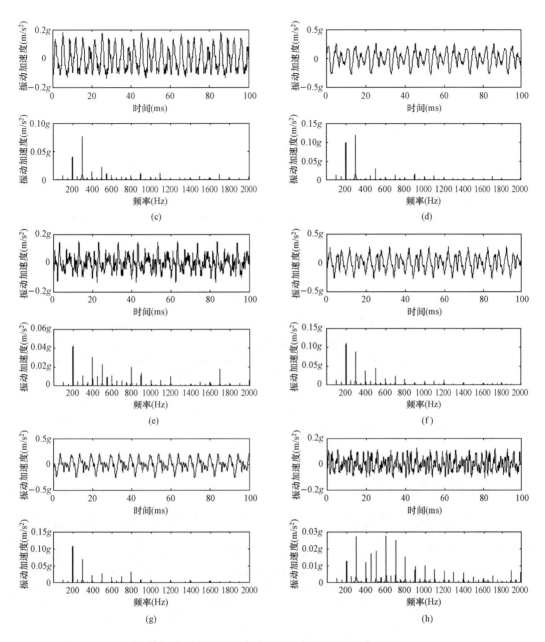

图 3 - 5　典型测点振动加速度波形和频谱图（二）

（c）测点 3；（d）测点 4；（e）测点 5；（f）测点 6；（g）测点 7；（h）测点 8

（$g=10\text{m/s}^2$）

各个测点的振动特征值（列出前八个测点为例）见表 3 - 4。O_{FCA} 值结果表明，八个测点中仅有一个测点的 O_{FCA} 值小于 2.1，但仍大于 1.7，即状态可疑，说明该主变压器各频率成分之间的确定性极低，整体运行状态较差。根据 U_{DET} 结果值，测点 2 处于异常范围，另有五个测点为可疑状态，该主变压器平稳性一般，系统结构确定性不高。从 D_{EDR}

值可知，绝大多数测点的值均存在超标现象。另外，从 λ_{MPC} 值超标可以基本判断出该主变压器机械稳定性较差，可能为异常变压器。

表 3-4　　　　　　　　　　　　　　振 动 特 征 值 结 果

测点编号	注意值	1	2	3	4	5	6	7	8
O_{FCA} 值	≤1.7	2.19	1.87	2.42	2.10	2.15	2.47	2.30	2.59
U_{DET} 值	≥0.5	0.21	0.41	0.50	0.55	0.37	0.45	0.51	0.36
D_{EDR} 值（%）	≤7	8.2	6.3	8.5	8.3	8.2	8.8	8.7	9.5
λ_{MPC} 值	≥0.8	0.66							

三、常规项目检测

该主变压器于 2012 年 11 月 13 日停电检测的短路阻抗数据见表 3-5，测试结果表明，该主变压器绕组的短路阻抗误差未见明显异常。

表 3-5　　　　　　　　　　　短路阻抗数据（2012 年 11 月）

加压端	连接方式		分接挡位		阻抗电压 U_k（%）	U_k 初值（%）	U_k 误差（%）<±2
	测量部位	短路部位	测量侧	短路侧			
ABC-O	高压	中压	第 9 挡	第 9 挡	9.84	9.86	0.20
ABC-O	中压	低压	第 1 挡	第 1 挡	17.86	17.89	0.16
ABC-O	高压	低压	第 1 挡	第 1 挡	6.26	6.29	0.41

该主变压器的油色谱历史数据见表 3-6。从油色谱历史数据来看，短路故障后该主变压器油色谱数据未见明显异常。

表 3-6　　　　　　　　　　　　　油色谱历史数据　　　　　　　　　　　μL/L

日期	H_2	CH_4	C_2H_6	C_2H_4	C_2H_2	CO	CO_2	总烃
2011 年 9 月	11.2	0.8	0.5	1.3	0	154	2412	3
2012 年 9 月	7.8	1.2	0.6	1.2	0	71	1565	3

结合该主变压器振动测试和常规电气测试结果，分析认为该主变压器在遭受近区短路后可能存在绕组变形、铁芯松动的情况，但并不严重。

四、吊罩检查

2016 年 5 月 9 日，该主变压器退运并进行了吊罩解体，检查发现该主变压器 C 相绕组出现明显的倾斜现象（见图 3-6），该结果符合振动测试的分析结果。

五、结论

这是一起典型的通过振动在线监测法发现、确诊变压器绕组存在轻微变形缺陷的案例。该案例表明，基于振动原理的绕组变形带电测试方法不仅能够检测较为明显的绕组变形缺陷，而且对于绕组整体移位等较为轻微、短路阻抗法等常规检测手段无法发现的绕组变形缺陷也具有良好的检测能力。

图 3-6　主变压器绕组吊罩检查结果

案例 3　1000kV 高压并联电抗器 A 相 X 柱放电烧蚀测试案例分析

一、案例概况

2015 年 9 月 9 日，安吉变电站安塘Ⅱ线 1000kV 高压并联电抗器 A 相复役期间出现乙炔并存在数次突然增长，引起了该站的高度重视并密切关注该高压并联电抗器的稳定运行情况，积极展开以在线振动分析为主，油色谱数据跟踪、局部放电数据跟踪等为辅的带电检测工作。该高压并联电抗器型号为 BKD-240000/1100，2013 年 9 月 25 日投运。

按照《特高压安吉站安塘Ⅱ线高压并联电抗器 A 相内检后带电检测与运行分析》的建议，于 2015 年 12 月加装了高压并联电抗器外壳振动的在线监测装置。振动在线监测装置结构如图 3-7 所示。在高压并联电抗器外壳表面布置传感器探头，传感器经信号线连接至振动检测仪 ADRE208-P，再经数据线连接至计算机进行实时展示。振动在线监测装置实物图见图 3-8。

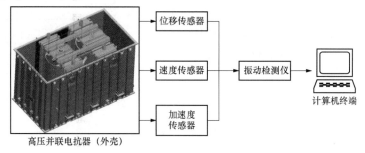

图 3-7　振动在线监测装置结构图

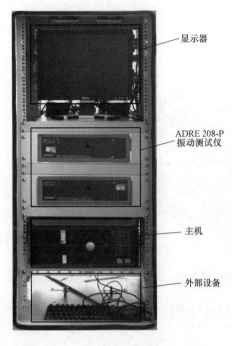

图 3-8　振动在线监测装置实物图

式如图 3-9 所示。

由于监测装置的稳定性问题，振动可靠监测的时间可分为以下两个区间：

（1）第一个区间为 2015 年 12 月 24 日至 2016 年 1 月 4 日。根据现场的实际条件，D2、D3、D4、D5、D7、V 监测点布置在壳体表面，D1、D6、D8 监测点布置在加强筋上，V 监测点为速度监测点，其余为位移监测点。

（2）第二个区间为 2016 年 2 月 2 日至5 月 18 日。该区间内的监测在第一个时间区间的基础上，在高压并联电抗器外壁的四个方向加装了四个加速度探头，分别为A1、A2、A3、A4。

2. 测试结果

（1）该高压并联电抗器的位移监测点 D1～D8 和速度监测点 V 的监测结果见图 3-10，其时域检测波形起点为 2015 年 12 月 27 日上午 7 点。

二、振动测试

1. 测点布置

目前，国内外学者主要根据高压并联电抗器振动的传播路径，将测点布置在高压并联电抗器表面中部，即高压并联电抗器振动传播路径最短、振动信号幅值最高处；按照高压并联电抗器的径向振动方向，设置高压并联电抗器顶部为振动信号的监测位置，然后在故障诊断过程中，利用以上测点所获取的监测数据进行高压并联电抗器故障诊断。由于所使用的 BKD-240000/1100 型设备采用两柱串联结构，不能将监测点设置在高压并联电抗器表面中心，而加强筋处的振动能量大，易于达到监测目的，因此可在加强筋处增设监测点。监测点的布置方

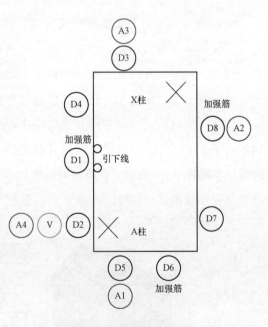

图 3-9　监测点布置图

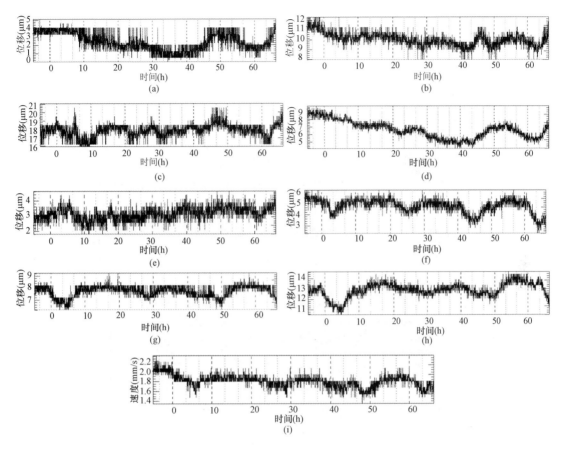

图 3-10　监测点振动时域检测波形图

（a）位移监测点 D1；（b）位移监测点 D2；（c）位移监测点 D3；（d）位移监测点 D4；

（e）位移监测点 D5；（f）位移监测点 D6；（g）位移监测点 D7；（h）位移监测点 D8；（i）速度监测点 V

在时域内，本次时间数据采取范围是 60h，在此区间内位移和速度的监测情况变化不大，振动信号存在波动但总体较为平稳，并未出现明显的突变现象，数值上基本稳定。其中速度检测图形平稳变化，说明变压器振动能量保持稳定，未出现突变。

将每一监测点的最大测量值汇总，见表 3-7。

表 3-7　　　　　　　　　　　　　　　最 大 测 量 值

探头编号	最大测量值	探头编号	最大测量值
D1（加强筋）	5.18μm	D6（加强筋）	6.17μm
D2	12.36μm	D7	9.22μm
D3	20.60μm	D8（加强筋）	14.80μm
D4	9.77μm	V	2.42mm/s（速度）
D5	4.63μm		

分析表 3-7 可知，D2、D3、D8 监测点的振动幅值较大。根据振动幅值的分布，通过拟合分析可以初步绘制该高压并联电抗器的振幅分布图，见图 3-11。

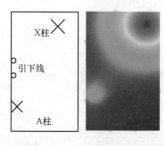

图 3-11　振幅分布图

由高压并联电抗器的振幅分布图可以大致推测出振动源主要有两个：一个为 X 柱靠近监测点 D3 和监测点 D8 位置，其振动幅值较大；另一个为 A 柱靠近监测点 D2 位置，其振动幅值较小。

（2）为了对故障源进行分析，将速度监测点 V 和典型位移监测点 D8 的监测结果绘制成加窗傅里叶图，见图 3-12 和图 3-13。

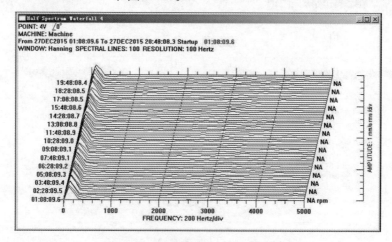

图 3-12　速度监测点 V 加窗傅里叶图

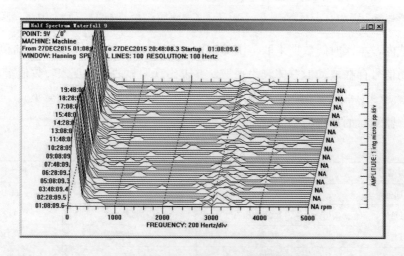

图 3-13　位移监测点 D8 加窗傅里叶图

高压并联电抗器表面振动主要由铁芯、绕组和冷却装置振动共同构成，其中冷却装置产生的振动集中在 100Hz 以下，与绕组、铁芯的振动频率在不同的范围，因此可以将其分辨出来，避免干扰。通常绕组产生的振动可以忽略不计，因此通常监测得到的振动信号主要由铁芯振动产生。由于铁芯磁致伸缩变化周期为电源周期的 1/2，因此磁致伸缩导致的铁芯振动基频为电源频率的 2 倍，约为 100Hz。可以看出，监测点 D4 与监测点 D8 的主振动频率约为 100Hz，为工频的 2 倍，因此可以判断壳体的振动主要来自铁芯振动。

（3）振动加速度探头为第二时间区间添加，该高压并联电抗器加速度时域检测波形起点为 2016 年 2 月 28 日上午 11 点，检测结果如图 3-14 所示。

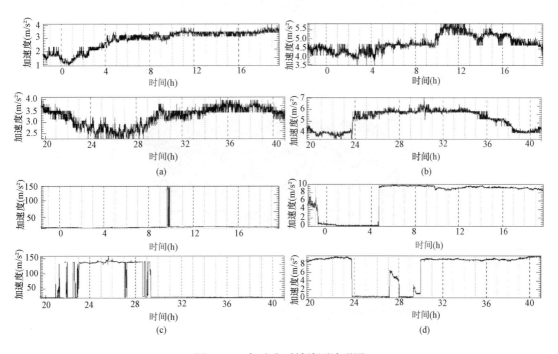

图 3-14 加速度时域检测波形图

(a) 探头 A1；(b) 探头 A2；(c) 探头 A3；(d) 探头 A4

由图 3-14 可知，探头 A1 的振动加速度监测值稳定在 $2\sim4\text{m/s}^2$，探头 A2 的振动加速度监测值稳定在 $4\sim5\text{m/s}^2$，探头 A3 的振动加速度的显示值为 10 倍的实测值（图 3-15、图 3-16 中显示均为 10 倍值），监测值在 2 月 28 日之前稳定在 $20\sim25\text{m/s}^2$（$20\sim2.5\text{m/s}^2$），探头 A4 的振动加速度监测值在 2 月 28 日之前稳定在 $8\sim10\text{m/s}^2$。可见高压并联电抗器 X 侧和引下线侧振动较为明显，这与之前位移和速度探头的监测结果一致。

探测点 A3 在时域检测波形中检测值波动明显，其波动幅度最高达 13m/s^2，说明在高压并联电抗器 X 柱侧出现了较大的振源。为进一步得出探测点 A3 在监测期间振动加速度频域的变化，将其检测值进行加窗傅里叶分析，如图 3-15、图 3-16 所示。

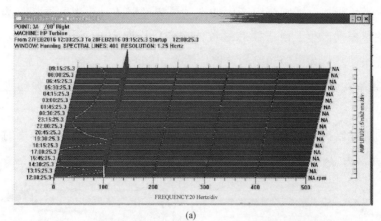

(a)

(b)

图 3-15　27、28 日加窗傅里叶图

(a) 时段一；(b) 时段二

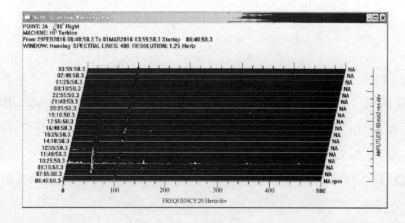

图 3-16　29 日加窗傅里叶图

经研究得 2 月 27 日的主频率仍为铁芯振动的主频率 100Hz，其他的频率分量均为 100Hz 的倍数，而从 28 日 20 点 10 分开始，出现了一个幅值将近 15m/s² 的 50Hz 分量，该分量在随后 2 月 29 日至 3 月 8 的检测值中均有出现。

可见，从 2 月 28 日起，高压并联电抗器内部出现了一个非铁芯的振源，振动频率等于工频。

三、常规项目检查

该高压并联电抗器自投入运行以来，一直进行油色谱数据跟踪检测，以确定高压并联电抗器投入运行后各个阶段乙炔的含量以及相对增长量，进而判断高压并联电抗器是否处于稳定运行状态。乙炔检测起点为 2014 年 11 月 28 日，检测结果见图 3 - 17（图示汉字描述为油色谱数据检测过程中的几个重要阶段）。

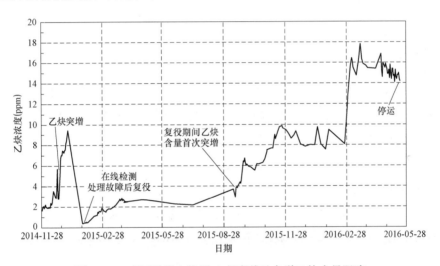

图 3 - 17　高压并联电抗器 A 相离线油色谱乙炔含量跟踪

高压并联电抗器绝缘油中乙炔的含量是一个累积量，增量较存量可以更为明确地反映油质的变化和缺陷的程度。结合振动在线监测数据，显示在乙炔平稳期，高压并联电抗器的振动主频率为 100Hz，应是由铁芯振动引起；而在乙炔增长期，存在非铁芯振动引起的工频振动源，定位结果显示振动源位于 X 柱铁芯接地引下线侧。采用在线振动检测期间，乙炔含量出现明显上升，结合振动数据变化，说明高压并联电抗器内部出现非铁芯振动源且放电情况恶化。

该高压并联电抗器于 2015 年 8 月开始进行局部放电在线监测，其结果如图 3 - 18 所示。从 2015 年 9 月起，局部放电数据开始出现显著异常，7～8 日、22～26 日，均监测到 Q_{max} 大于 1000mV 的局部放电，其中 9 月 8 日的 Q_{max} 最大，为 1542mV。10 月开始，局部放电数据归于平稳，10 月 25 日，再次出现明显的放电现象，10 月 26 日出现 Q_{max} 的

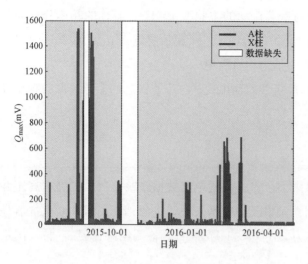

图 3-18　局部放电在线监测结果图

最大值 350mV。此后，放电现象减少，12 月 17 日以及 2016 年 1 月中旬监测到较明显的放电信号。直至 2016 年 2 月 26 日，再次出现明显的局部放电，放电现象持续至 3 月 2 日，Q_{max} 的最大值为 687mV，随后 3 月 14 日出现明显局部放电并持续至 3 月 18 日，Q_{max} 的最大值为 694mV。

局部放电在线监测数据显示在 2016 年 2 月 26 日～3 月 2 日以及 3 月 15～18 日出现大幅突增，与在线振动检测情况相吻合。

四、吊罩检查

2016 年 6 月 19 日，该高压并联电抗器停运并进行返厂解体，解体发现 X 柱地屏明显烧灼及 A 柱地屏少量黑迹。经检验分析认为 X 柱地屏铜条明显放电烧灼系铜条位移、振动及放电所致，铜条断裂系高温发热所致，该部位的缺陷是导致该高压并联电抗器油色谱异常的主要原因。A 柱地屏也存在铜排皱褶和局部的少量黑色痕迹，经检验分析认为初步的间接性放电痕迹为缺陷发展前期征兆。结合振动在线监测的现象，X 柱的振动整体上更大、更容易造成地屏铜条的位移。该结论符合在线振动检测数据的分析结论，所以缺陷发生的部位和原因分析与在线振动检测分析的结果基本吻合。

第二篇
噪声检测技术

　　变电站（Power Station）内的电气设备工作时会产生很强的噪声（Noise），为了降低噪声对周围环境的影响，需要对其进行有效控制。变电站内的噪声主要有交流变压器、高压并联电抗器、电容器等设备噪声以及冷却设备噪声，此外还有配电装置的电磁噪声、进出线的电磁噪声和放电噪声等。在国外，一般情况下都会把变电站和输电设备建在无人区，所以噪声对居民日常生活的影响不是很重要的问题，相关研究也不多。而我国人口密度高，变电站周围可能会有居民区甚至学校，所以其噪声就成为一个重要的污染源，影响人们的正常生活和学习。因此对于变电站噪声的检测研究主要集中在对噪声的治理和降噪措施的研究上。

　　变压器的噪声与其电气性能和机械性能一样，都是变压器极为重要的技术参数。完全可以说，变压器本体噪声水平的高低，是衡量变压器制造厂设计能力和生产水平的重要指标之一。因此，许多国家的变压器制造厂都在积极采取各种有效措施，以求降低变压器的噪声。

　　但是噪声作为一种由振动向传声介质辐射能量的机械波，其分析方法跟振动和形变引起的信号的分析方法相同，声信号蕴含着大量的振动信息，是分析设备运行状态的一项重要指标。设备在正常运行时，机身与固件之间、零件之间及零件本身的运动状态发生变化，都会导致声音的产生，此外设备运行状态发生变化时声音也随之改变。变压器的结构非常复杂，部件种类繁多，如三相油浸变压器由三相一、二次绕组，铁芯，油箱，底座，高压及低压套管，散热器（冷却器），净油器，储油柜，气体继电器，安全气道，温度计，分接开关等相关组件和附件所构成，所有这些组件都有可能成为噪声源。变压器内部绕组和铁芯承担着电磁交换的重要功能，在高电压和强电磁的环境下会发生各种不同的故障，从而导致设备运行时所发出的声音也随之发生变化。因此，可以利用变压器运行所发出的声音变化来诊断变压器的故障情况，这种通过声信号分析变压器故障的诊断方法称为声学特征诊断技术。声学特征诊断技术是一种便捷简单的诊断方法，其主要具有以下特点：获取声信号并非一定接触设备，装置简单，获取信号方便，传感器安装比较灵活，采集信号时不产生电磁信号，不会干扰设备的正常运行等。

早在20世纪20年代，国外的一些大型变压器制造公司和研究机构就开始对变压器噪声的问题进行了研究。这些研究主要涉及变压器振动和噪声的产生机理、声学特性以及降噪措施，还有各国相继制定的一些技术和环保标准。研究发现，变压器铁芯在磁致伸缩下的受迫振动以及在谐频下引起的共振，会导致变压器噪声值变大。从20世纪70年代起，国外各主要的变压器制造国就已开始投入大量的人力和物力开展这方面的研究，而当下在此方面的研究和投入更加广泛和深入。这些研究主要包括以下几点：①随着研究规模的不断扩大，研究对象通常会涉及几十台不同规格的变压器。②研究方法中会引入相关学科领域的新技术，比如利用声压法、声强法、振速法进行变压器声级测定和远场噪声辐射分析。其中相关学者在室外对变压器噪声分别利用声压法与声强法进行噪声测量并对比两组数据，得到声强法不易受环境影响且测量精度高于声压法的结论。此外，基于振动监测方法的变压器监控在近年来也得到一定的研究和应用。③逐步从实验研究转向构筑理论分析的数学模型，如建立变压器声源的数学模型，对新建变电站进行变压器辐射噪声预估。④相继出现了一批模拟计算软件。

国内对变压器噪声的研究开始于20世纪80年代，研究主要涉及变压器噪声产生的机理、测量方法、抑制措施、优化设计方法等。其中大量文献主要是对单个变压器噪声与振动的信号进行分析，然后提出降噪方案。为了抑制变压器噪声，除采取切断噪声传播途径外，国内变压器厂商及研究学者也开始研究通过改进变压器制造工艺来控制变压器噪声。

近年来，虽然国内外在变压器的噪声控制及预测等方面都进行了大量的研究，但是测量噪声的方法主要以声压法为主，而声压法测量噪声的最大特点是受背景噪声的影响比较大，尤其是在变电站内存在复杂声场时。声强法测量变压器噪声近年来得到了不同程度的应用，它与声压法相比，具有两个优点：①不需要使用消声室或混响室等声学设施；②在多个声源辐射叠加的声场中能区分不同声源的辐射功率。振速法测量声功率虽然在测试其他封闭机器设备中得到了应用，但是在变压器中利用振速法测量声功率应用并不广泛。

近几年国内已开始针对声全息、波束形成等传声器阵列测试技术展开研究，并将其运用到变电站设备的噪声识别和定位研究中。

总体而言，国内外针对变压器噪声的研究主要集中于以下几个方面：①对变压器噪声产生机理进行分析研究；②分别对单台变压器噪声进行试验室和现场测量，分析其时频特性，然后提出降低噪声的改进措施，或者通过已有变压器噪声数据去预测变电站噪声；③不断改进变压器噪声测量方法，声强法及振速法测量变压器声功率不断被广泛应用；④采用声学阵列成像技术对设备表面振动引起的噪声信号进行成像，进而开展声学定位研究。

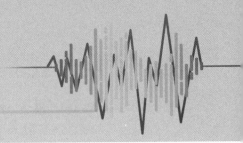

第四章　噪声检测技术原理

第一节　基　本　概　念

一、噪声

噪声是指音高和音强变化混乱、听起来不和谐的声音。从物理学的角度来看，噪声是发声体做无规则振动时发出的声音。从环境保护的角度看，凡是妨碍到人们正常休息、学习和工作的声音，以及对人们要听的声音产生干扰的声音，都属于噪声。

根据噪声源的不同，噪声可分为工业噪声、交通噪声和生活噪声三种。工业噪声是指工厂在生产过程中由于机械振动、摩擦撞击及气流扰动等产生的噪声；交通噪声是指由飞机、火车、汽车和拖拉机等交通运输工具在飞行和行驶中产生的噪声；生活噪声是指由音乐厅、高音喇叭等建筑物内部及街道、市场各种生活设备和人们日常活动所产生的噪声。

噪声曾经被称为"噪音"，从 20 世纪 90 年代起被改称为"噪声"。"声"和"音"是有区别的。通常，成调之声才称为音，其波形呈规律性变化，听之使人心情舒畅；而变压器励磁以后所发出的这种连续性的声响，其波形是没有规律的非周期性曲线，听之使人烦躁甚至危害人体健康，故称其为"噪声"更为科学和严谨。

二、噪声的度量方式

噪声广泛存在于人们的日常生活和工作中，是一个很普遍的现象。对于一个声音的评价，我们通常采用声音"很响""很轻""很尖""刺耳"等词汇来形容。这些词汇均属于感性描述，在工程分析中则需要对噪声进行客观和理性的分析。对于噪声的定量表述和度量，当前主要有以下几种方式。

1. 声压级

声压（Sound Pressure）就是大气压强受到声波扰动后产生的变化，即为大气压强的余压，声压以 p 来表示，单位为 Pa。声波在空气中传播时，引起介质质点的振动，使空气产生疏密变化。声压相当于在大气压强上叠加一个由声波扰动引起的压强变化，空气稀疏时压强低，致密时压强增高。众所周知，噪声是以声波（Sound Wave）的形式从噪声源均匀地向四周发射的。声波具有的能量会引起空气质点的振动，使大气压强产生迅速的起伏，我们把大气压强的这种起伏称为声压。噪声越强，声压就越大；噪声越弱，声压就越小，于是便可以用声压的大小作为衡量噪声强弱的尺度。

声压级（Sound Pressure Level）是对声压大小的分级描述。正常人耳刚刚能够听到的声音（即 1000Hz 的纯音）其声压为 $20\mu Pa$（即 $20\times10^{-6}Pa$），称为听阈声压（又称基准声压）；引起人耳疼痛甚至对人耳造成伤害的声音其声压为 20Pa，称为痛阈声压。可见从听阈到痛阈，人耳能够听到的声音其声压变化范围很大（$20\times10^{-6}\sim20Pa$），其数量级相差也很大，因此用声压的绝对值来表示噪声的大小是很不方便的，于是便引出了一个表示噪声大小的概念即声压级，就好像风和地震都按级来划分一样，声压也按级来评定。为了使用方便，人耳对声音强弱变化的反应按声压级来划分，声压级采用对数表示，它的单位就是分贝（decibel，dB）。声压级的测量和计算都比较直观简单，声压传感器输出电压信号与声压传感器测点处的声压成正比，所以声压传感器测量的就是测点处的瞬时声压。声压级 L_p 可表示为

$$L_p = 20\lg\frac{p}{p_0} \qquad (4-1)$$

式中　p——声压的有效值，Pa；

　　　p_0——基准声压，其值为 $20\mu Pa=20\times10^{-6}Pa$。

这就是说，噪声的大小可由声压级来表示，dB 是声压级的单位。按照式（4-1）进行计算得知，听阈的声压级为 0dB，痛阈的声压级为 120dB，即从听阈到痛阈共划分为 120dB。可见变压器噪声的大小用声压级来表示，比用声压的绝对值来表示要简便得多。

2. 声功率级

声功率（Sound Power）为单位时间内通过某一面积的声能，用 W 来表示，单位为 W。同声压级一样，为了表示方便，声功率也用级来表示，即声功率级（Sound Power Level）。声功率级的提出是为了表示声源输出声音功率的能力大小。因为声压级完全相同的两个声源，若其外形尺寸不同，则其对应的噪声输出的功率是完全不同的。外形尺寸越大，噪声输出的功率就越大。为了便于比较，便提出了声功率级这一专业术语。声波的声功率级主要表征的是声源的能量属性，L_W 可表示为

$$L_W = 10\lg\frac{W}{W_0} \qquad (4-2)$$

式中　W——变压器噪声输出功率的有效值，W；

　　　W_0——基准声功率，其值为 $10^{-12}W$。

声功率反映了声源在单位时间内向外辐射的声能值，计算声功率能更加直观地反映变压器的工作情况，向外辐射声功率越大，说明振动发生损耗越大，工作状态可能越差。

变压器声压级与声功率级之间的关系可表示为

$$L_W = L_p + 10\lg\frac{S}{S_0}$$ (4 - 3)

式中 S——测量表面积，m^2；

S_0——基准表面积，其值为 $1m^2$。

3. 声频域

变压器噪声信号的频谱图包含大量信息，对声波信号进行频域分析可以有效诊断出变压器的异常情况。通过对单台主变压器各通道参数进行快速傅里叶变换（Fast Fourier Transform，FFT）分析，可以得到噪声信号的频域特征，同时通过对主频、次频、主倍频、次倍频及其相应幅值的计算可为噪声的区分判断提供依据。

这里主倍频、次倍频均指以 50Hz 为基频的频率成分，在许多资料数据中都能发现以 50Hz 为基频的变压器器身的振动，变压器的噪声正是由这些振动直接引起的。因此在变压器噪声在线监测中，以 50Hz 为基频的噪声不容忽视，应以其为主要的分析研究对象。

4. 声强级

声强（Sound Intensity）是对声波在能量角度的一种表征方式，是指每秒钟通过垂直于声波传播方向的单位有效面积的声能，用 I 来表示，单位为 W/m^2。同声压级一样，为了表示方便，声强也用级来表示，称为声强级（Sound Intensity Level），单位也为分贝（dB）。声强级的定义表达式为

$$L_I = 10\lg\frac{I}{I_0}$$ (4 - 4)

式中 I——噪声声强的有效值，W/m^2；

I_0——基准声强，其值为 $10^{-12}W/m^2$。

5. 响度级

响度（Loudness）是正常人耳对噪声强弱的感知程度，噪声的振幅越大，其响度就越大。与声级一样，响度也是按级来划分的，即响度级（Loudness Level）。声响度级的单位是方（phon）。正常人耳的听觉灵敏度，从听阈到痛阈的全部听觉范围被划分为 0~120phon。0phon 相当于听阈，120phon 相当于痛阈。用 phon 表示的响度级，在数值上与频率 1000Hz 时用 dB 表示的声级相等，也就是说，响度级（phon）与 1000Hz 时的声压级或声功率级（dB）相等。这一结论可由图 4-1 所示的等响度曲线得到证实。

正常人耳能够听到的声响不仅与声压有关，也与声波振动的频率有关。噪声的响度、声压、频率之间的关系如图 4-1 所示。图 4-1 中的曲线称为等响度曲线，表示一个中等

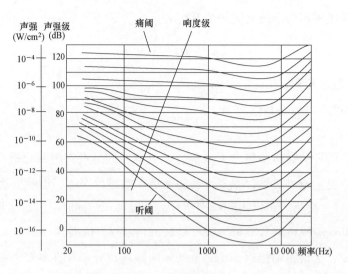

图 4-1 等响度曲线

听力水平的人其听觉灵敏度随声压及频率变化的情况，说明人耳听觉的灵敏度随频率的降低而下降。例如，30Hz 时 78dB、100Hz 时 61dB、200Hz 时 3dB 及 1000Hz 时 40dB 的噪声，其响度是相等的，均为 40phon。这表明，在 30Hz 时正常人耳的听觉灵敏度，要比 1000Hz 时低 38dB。

三、声级和响度级的计权

为了模拟人耳对于不同频率声音信号的不同感受，需要对声级（包括声压级、声强级、声功率级）和响度级进行计权。噪声计中的频率计权网络有 A、B、C 三种标准计权网络。A 网络是模拟人耳对等响度曲线中 40phon 纯音的响应，它的噪声计曲线形状与 40phon 的等响度曲线相反，从而使电信号的中、低频段有较大的衰减。B 网络是模拟人耳对 70phon 纯音的响应，它使电信号的低频段有一定的衰减。C 网络是模拟人耳对 100phon 纯音的响应，它在整个声频范围内有近乎平直的响应。声级计经过频率计权网络测得的声压级称为声级，根据所使用的计权网络不同，分别称为 A 声级、B 声级和 C 声级，单位记作 dB（A）、dB（B）和 dB（C）。

正常人耳对不同频率噪声的听觉灵敏度是不一样的，即使两个噪声的声压相同，若其频率不同，听起来也是不一样响的（即其响度级是不同的）。通常人耳对高频（其频率高于 1000Hz）噪声比较敏感，而对低频（其频率低于 500Hz）噪声比较迟钝。前面提到的正常人耳在 30Hz 时的听觉灵敏度，比在 1000Hz 时低 38dB 就是这个道理。在进行变压器的噪声测量时，有关标准规定在所用声级计（GB 7328—87《变压器和电抗器的声级测定》中规定用 1 型声级计）的频率校正线路中，为了模拟人耳对噪声听觉灵敏度的这种特性，把 500Hz 以下的测量灵敏度逐渐降低，这样读出来的数叫 A 计权声级，简称 A 声级，用 dB（A）来表示。同样，若用响度计对变压器噪声的响度进行测量时，A 计权的响度级应该表示为 phon（A）。

由于 A 计权的声级和响度级比较接近人耳对噪声的主观感觉，所以在变压器噪声的测量和控制中，人们经常用 A 计权的声级或响度级作为噪声测量的单位和评价噪声的主要指标。

四、变压器噪声来源

由铁芯的磁致伸缩和绕组振动引起的变压器噪声，和油箱及磁屏蔽受内部电动力而产生的噪声在频率成分上是有显著区别的。铁芯的磁致伸缩变形会引起铁芯松动、过热以及振动，磁致伸缩对温度极其敏感，势必导致由磁致伸缩衍生出的噪声也对温度敏感。绕组、油箱和磁屏蔽受电动力后形变发生的噪声则没有此类温度敏感特征，当这一因素对一种频率成分的噪声源产生显著影响而对另一种影响不大时，会引起整台主变压器噪声频率成分的改变。

根据噪声源的不同，变压器的噪声可以分为本体噪声和冷却噪声两类。变压器的噪声源主要包含了散热装置、铁芯以及绕组线圈三个部件，而变压器噪声由变压器负载运行噪声、空载运行噪声和降温系统的振动噪声叠加而成。因为变压器运行在一个交变的电磁环境中，电场和磁场的周期性变化会导致变压器铁芯和绕组发生周期性振动，其中硅钢片的磁致伸缩效应和绕组匝间的电动力是这类振动的主要来源。这些内部振动通过多重路径传递至变压器油箱，最终通过油箱的振动表现为本体噪声。冷却噪声则是指由于变压器冷却风扇、油泵等冷却设备持续工作，导致振动逐渐积累并传递到变压器的其他部位，形成明显的振动而引发的噪声。

五、变压器振动噪声的危害

变压器振动过于剧烈即噪声过大时，会降低铁芯的紧密程度，使其变松。变压器铁芯中的叠片通常涂有漆膜或氧化膜，若铁芯硅钢片振动太过剧烈，会破坏这些保护膜，从而在铁芯中产生涡流，造成局部发热，若不及时处理，将会使得叠片的绝缘层老化、脱落，造成更严重的铁芯过热等问题。同时铁芯硅钢片振动过大还会影响绕组的形状、增高工作温度、破坏绝缘和抗短路功能，使变压器更加容易发生短路故障，进而干扰变压器的正常运行，减少变压器的使用寿命。

六、变压器噪声计算的基本规则

在变压器的研究中，变压器噪声的产生因素较多，包括变压器的负载量、变压器内部材料属性等，所以在进行噪声计算时，测点噪声往往不是来源于单一的声源，而是由多个声源共同作用的结果。在进行具体问题分析时，也需要对合成声源和单独声源的特性进行分别分析，此时便涉及噪声的合成计算。

众所周知，变压器往往是几台一起运行的，在进行噪声测量时，每台变压器之间的噪声会产生相互干扰，因此需要对整体噪声与各单独声源的噪声水平进行分别分析，主要存在以下几种情况：①当几台变压器一起运行时，若分别知道每台变压器单独运行的噪声，欲求它们的合成噪声；②当分别知道变压器的本体噪声与冷却装置噪声，欲求这台变压器的合成噪声；③当知道几台变压器一起运行的合成噪声以及其中几台单独运行的噪声，欲求另外几台的噪声；④当知道变压器的合成噪声与冷却装置噪声，欲求这台变压器的本体噪声。

总之，当一起运行的变压器有两台及以上时，它们的合成噪声可用式（4-5）进行计算，即

$$L_{pA} = 10\lg\left(\frac{1}{N}\sum_{i=1}^{N}10^{0.1L_{pA_i}}\right) - K \tag{4-5}$$

式中　L_{pA}——几台变压器一起运行时的合成声压，dB（A）；

　　　L_{pA_i}——第 i 台变压器单独运行时的声压，dB（A）；

　　　i——一起运行的变压器的序号，$i=1$，2，…，N；

　　　N——一起运行的变压器的总台数；

　　　K——考虑测试室不符合要求的反射声环境修正值，其值在 0～7dB（A）内。

第二节　噪　声　机　理

从物理学的角度讲，噪声是由弹性介质的非周期性振动而产生的。变压器的噪声是由铁芯、绕组、油箱（包括磁屏蔽等）及冷却装置的振动而产生的，是一种连续性噪声。铁芯、绕组和油箱（包括磁屏蔽等）统称为变压器的本体，所以又可以说，变压器的噪声是由于变压器本体的振动与冷却装置的振动而产生的一种连续性噪声。

变压器噪声的大小与变压器的额定容量、硅钢片的材质及铁芯中的磁通密度等诸因素有关。

一、变压器本体噪声的机理

国内外的研究结果表明，变压器（包括带有气隙的铁芯电抗器）本体振动的根源在于：

（1）硅钢片的磁致伸缩引起的铁芯振动。磁致伸缩使得铁芯随着励磁频率的变化而周期性地振动。

（2）硅钢片接缝处和叠片之间存在着因漏磁而产生的电磁吸引力，从而引起铁芯的振动。

（3）当绕组中有负载电流通过时，负载电流产生的漏磁引起绕组、油箱壁（包括磁屏蔽等）的振动。

（4）对于带有气隙的铁芯电抗器来说，还有芯柱气隙中非磁性材料垫片处的漏磁引起的铁芯振动等。

近年来，由于铁芯叠积方式的改进（如采用阶梯接缝等），再加上芯柱和铁轭都用环氧玻璃丝粘带进行绑扎，因此硅钢片接缝处和叠片之间的电磁吸引力引起的铁芯振动，比硅钢片磁致伸缩引起的铁芯振动要小得多，可以忽略。变压器（包括带有气隙的铁芯电抗器）的额定工作磁通密度通常取 $1.5\sim1.8T$，国内外的研究和试验均证明，在这样的磁通密度范围内，负载电流产生的漏磁引起的绕组、油箱壁（包括磁屏蔽等）的振动，与硅钢片的磁致伸缩引起的铁芯振动相比要小得多，也可以忽略。

虽然在带有气隙的铁芯电抗器中，非磁性材料垫片处漏磁引起的铁芯振动比一般变压器要大，但只要气隙的结构设计合理，且选用弹性模数约为 $2\times10^5\,MPa$ 的非磁性材料（如陶瓷）做垫片，再加上精心制造，带有气隙的铁芯电抗器的铁芯振动可与一般变压器铁芯的振动相接近。因此，与硅钢片磁致伸缩引起的铁芯振动相比，气隙处漏磁引起的铁芯振动仍可忽略。

这就是说，变压器（包括带有气隙的铁芯电抗器）的本体振动完全取决于铁芯的振动，而铁芯的振动可以看作完全是由硅钢片的磁致伸缩造成的。铁芯的磁致伸缩振动通过铁芯垫脚和绝缘油这两条路径传递给油箱壁，使油箱壁（包括磁屏蔽等）振动而产生本体噪声，并以声波的形式均匀地向四周发射。这就是变压器（包括带有气隙的铁芯电抗器）本体噪声的机理。

其中，磁致伸缩导致硅钢片产生振动噪声的方式主要有两种：一种是沿着磁场方向硅钢片的尺寸随着磁场强度大小的变化而按一定频率伸长或缩短，使硅钢片的端部产生噪声；另一种是硅钢片在磁致伸缩力的作用下产生噪声，并且这是硅钢片噪声的主要来源。

值得一提的是，当铁芯的固有频率与磁致伸缩振动的频率相接近时，或者当油箱及其附件的固有频率与来自铁芯的振动频率相接近时，铁芯或油箱将会产生谐振，使本体噪声骤增。

日本富士公司通过反复试验，得到了油箱壁的振动加速度 α 与变压器本体声压水平（Sound Pressure Level，SPL）的关系式，即

$$L_T = 20\lg\alpha + 90 \tag{4-6}$$

式中　α——油箱壁的振动加速度，m/s²。

由于磁致伸缩的变化周期恰恰是电源频率的半个周期，所以磁致伸缩引起的变压器本体的振动噪声，是以两倍的电源频率为其基频的。由于铁芯磁致伸缩特性的非线性性质、多级铁芯中芯柱和铁轭相应级的截面不同，以及沿铁芯内、外框的磁通路径长短不同等，均使得磁通明显地偏离了正弦波，即有高次谐波的磁通分量存在。这样就使得铁芯的振动频谱中除了有基频振动以外，还包含频率为基频整数倍的高频附加振动。所以变压器铁芯振动的噪声频谱中除了基频噪声之外，还包含频率为基频整数倍的高频噪声。

研究结果表明，变压器铁芯噪声的频谱范围通常在 100～500Hz。进一步的研究还表明，变压器的额定容量越大，在铁芯噪声中基频分量所占的比例越大，二次及以上的高频分量所占的比例越小；而变压器的额定容量越小，在铁芯噪声中基频分量所占的比例越小，二次及以上的高频分量所占的比例越大。这就是说，对于不同容量的变压器，其铁芯噪声的频谱是不一样的。例如，100kVA 变压器的噪声频谱中，四次谐波噪声分量最大；10MVA 变压器的噪声频谱中，二次谐波噪声分量最大；20～30MVA 变压器的噪声频谱中，基频二次谐波的噪声分量与三、四次谐波的噪声分量大致相同；而 30MVA 以上变压器的噪声频谱中，基频、二次谐波的噪声分量要明显比三、四次谐波的噪声分量大。国内外的实践经验表明，在进行低噪声变压器的设计计算时，只考虑基频和四次及以下的高频噪声就可以了，五次及以上的高频噪声通常可以不予考虑。

对于 50Hz 的电源而言，也只考虑 100Hz 的基频噪声和 200Hz、300Hz、400Hz 的高频噪声就可以了。试验研究结果表明，卷铁芯变压器的高频噪声要比叠片式铁芯变压器的低一些。带有气隙的铁芯电抗器的磁通密度通常比变压器的低 10%～30%，因此电抗器的噪声频谱中主要是低频分量，高频分量要比变压器的小。对于大容量的电抗器，主要是基频分量的噪声。由于变流变压器中的高次谐波要比变压器的大得多，故变流变压器的高频噪声与同规格变压器的相比，要明显高得多。运行实践表明，接有晶闸管负载的变流变压器，其噪声水平要增高 15～30dB（A）。电弧炉变压器因经常处于短路工作状态，故其噪声有时可达到 100dB（A）以上。

必须强调指出的是，国外的试验研究结果表明，当变压器的额定工作磁通密度降低到 1.4T 左右时，负载电流产生的漏磁所引起的绕组、油箱壁（包括磁屏蔽等）的振动，将与硅钢片磁致伸缩引起的铁芯振动相接近（有时甚至会超过铁芯引起的磁致伸缩振动）。这时变压器的本体噪声不再单纯由硅钢片的磁致伸缩决定，而必须考虑负载电流漏磁所引起的绕组、油箱壁（包括磁屏蔽等）的振动噪声。

国外的试验研究结果还表明，当由叠片组成的磁屏蔽采用刚性结构固定在油箱壁上时，这些磁屏蔽和油箱壁的振动噪声与绕组的振动噪声相比是比较小的，故往往可以只用负载电流漏磁引起的绕组振动噪声来评价负载电流引起的噪声水平。

　　负载电流的漏磁对变压器噪声的影响可用式（4-7）来评价，即

$$\Delta L_{WI} = 20\lg\left(\frac{I}{I_N}\right)^2 \tag{4-7}$$

式中　ΔL_{WI}——负载电流引起的绕组振动噪声声功率级的变化量，dB（A）；

　　　　I——变压器的负载电流，A；

　　　　I_N——变压器的额定电流，A。

　　式（4-7）也可以用图4-2来表示，由该图能够明显地看出负载电流对绕组振动噪声的影响，即绕组振动噪声的大小是随着负载电流的变化而变化的。

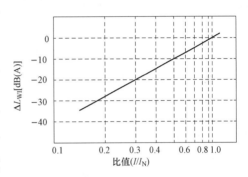

图4-2　负载电流引起的绕组振动噪声声功率级的变化量

　　例如，在负载电流为$0.7I_N$时，绕组振动噪声比在额定电流时约低6dB（A）。由于输电和配电变压器通常不带满负载运行，从而使具有低磁通密度的变压器的噪声升高问题能够得到某些补偿。对于发电变压器而言，虽然它们一般都是在满负载的情况下运行的，但由于它们通常都具有比较高的磁通密度，从而使变压器噪声升高问题也能够得到某些补偿。

二、冷却装置噪声的机理

　　与变压器本体噪声的机理一样，冷却装置的噪声也是由于它们的振动而产生的。冷却装置振动产生的噪声，也是以声波的形式均匀地向四周发射的。冷却装置振动的根源在于：

　　（1）冷却风扇和变压器油泵在运行时产生的振动（变压器油泵产生的噪声较小，可以忽略）。

　　（2）变压器本体的振动有时也可能通过绝缘油、管接头及其装配零件等传递给冷却装置，使冷却装置的振动加剧，辐射的噪声加大。

　　国内外的运行实践表明，对于采用油浸自冷方式的变压器而言，直接安装在油箱上的自冷式散热器片产生的噪声要比变压器的本体噪声低得多，可以不予考虑。对于采用强迫油循环风冷却方式的变压器而言，冷却风扇的噪声是很高的，能使变压器的合成噪声比变压器的本体噪声高4～6dB（A）。

　　此外，国内外的运行实践还表明，变压器运行时的噪声往往要高于出厂时的测量值，

尤其当额定工作磁通密度为 1.4T 及以下时，运行时噪声水平的升高更为明显。这是因为：

（1）运行过程中负载电流产生的漏磁会引起绕组、油箱壁（包括磁屏蔽等）的振动，从而产生附加的振动噪声。这种附加的振动噪声的大小是与负载电流的平方成正比的。根据试验研究结果来看，负载电流产生的附加噪声与额定工作磁通密度约为 1.4T 时铁芯的磁致伸缩引起的振动噪声水平相当。当电流接近额定值时，具有磁屏蔽装置的变压器，如果磁屏蔽接近饱和，附加的振动噪声是相当高的。

（2）铁芯加热以后，由于谐振频率和机械应力的变化，其噪声会随温度的升高而增大。试验研究结果表明，当铁芯的温度由 20℃升高到 100℃时，其噪声增加了 4dB（A）。

（3）运行现场的环境（如周围的墙壁、建筑物及安装基础等）对噪声有影响。

（4）当负载电流中叠加有直流分量和谐波分量时，噪声会升高。就变流变压器而言，由于直流分量和谐波分量的影响，运行时的噪声值要比出厂时的测量值高 20dB（A）左右。

第三节　噪声传播路径

变压器通过空气向四周发射的噪声是由两部分噪声合成的，其中一部分是由于铁芯、绕组、油箱（包括磁屏蔽等）振动而产生的本体噪声；另一部分是由于冷却风扇和变压器油泵振动而产生的冷却装置噪声。

变压器噪声是由铁芯、绕组、油箱、风扇和油泵等振动噪声源相互影响、共同造成的，这些噪声源属于一次噪声源。其中铁芯的磁致伸缩振动是通过两条路径传递给油箱的，其中一条是固体传递路径——铁芯的振动通过其垫脚传至油箱；另一条是液体传递路径——铁芯的振动通过绝缘油传至油箱。由这两条路径传递过来的振动能量，使油箱壁（包括磁屏蔽等）振动而产生本体噪声。通过空气，本体噪声以声波的形式均匀地向四周发射。绕组的振动可以通过变压器油传播到冷却装置上，风扇、油泵与冷却装置直接相连，其振动也可以通过固体冷却装置传播，同时还可以由空气传播到隔声壁上，还可以直接向外界发射噪声。油箱与安装基础、冷却装置、隔声壁直接相连，因此振动可以进行传递，即安装基础、冷却装置和隔声壁都属于二次噪声源。变压器噪声的传播路径如图 4-3 所示。

国内外的研究结果表明，固体路径和液体路径所传递的振动，其能量几乎是相等的。因此，即使将其中任何一条路径传递的振动完全吸收或衰减掉，变压器的本体噪声也只能降低大约 3dB（A）。

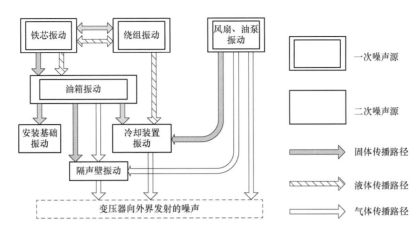

图 4 - 3　变压器噪声的传播路径

同样地，冷却风扇和变压器油泵产生的振动噪声，也是通过空气以声波的形式均匀地向四周发射的。从变压器本体及冷却风扇、变压器油泵向外界发射的振动噪声，均随发射距离的增加而逐渐衰减。另外，噪声在均匀地向四周发射的过程中，往往会遇到障碍物，当障碍物的尺寸小于噪声的波长时，噪声就会绕过障碍物；当障碍物的尺寸大于噪声的波长时，障碍物就会形成隔声壁。这时发射到隔声壁上的噪声，有一部分将被隔声壁吸收，还有一部分将被隔声壁反射回去，其余部分才穿过隔声壁发射出去。隔声壁的材料能够影响这两部分噪声吸收和反射的情况，柔软而多孔的材料能够吸收绝大部分噪声，而只反射一小部分；坚硬而光滑的材料则能够把绝大部分噪声反射回去，而只吸收一小部分。

变压器若安装在户内，由于经过墙壁等的多次反射，其噪声会升高，这种现象叫作噪声的交混回响。从变压器停止运行到其噪声声强减小到运行时噪声声强的百万分之一所需的时间，称作交混回响时间。

第四节　影响噪声的各种因素

一、铁芯磁致伸缩的影响

如前所述，铁芯励磁时硅钢片产生的磁致伸缩是变压器本体噪声最主要的来源。各国的试验研究结果均证明，变压器本体噪声的大小直接取决于铁芯所用硅钢片磁致伸缩的大小。变压器若用磁致伸缩大的硅钢片叠积铁芯，其噪声水平肯定高。因此，研究与磁致伸缩有关的各种因素，以采取有效的技术措施来控制和减小硅钢片的磁致伸缩，是降低变压器噪声最根本、最有效的方法。

国内外大量的试验研究表明，硅钢片的磁致伸缩 ε 主要与以下各种因素有关。

（1）磁通密度 B 的影响。通常磁通密度 B 的值越高，ε 值就越大。尤其是当硅钢片表面有绝缘涂层时，ε 随 B 增大的效果更为明显。

（2）硅钢片材质的影响。磁致伸缩 ε 的大小主要取决于励磁时硅钢片中晶粒转动的情况。晶粒取向冷轧硅钢片能使 97％的晶粒有最佳方向，因此它们的 ε 值较小。Hi‑B 硅钢片和激光照射控制磁畴的硅钢片，由于其进一步提高了结晶方位的完整度，故具有超取向的导磁性能，因此它们的 ε 值比普通的晶粒取向冷轧硅钢片的还要小。

（3）硅钢片表面绝缘涂层的影响。冷轧硅钢片表面通常都带有绝缘涂层，这种涂层在硅钢片表面形成了一种张力，从而使 ε 减小。研究结果表明，硅钢片越薄，绝缘涂层越厚，涂层与硅钢片之间的反应层越深，涂层的张力就越大，硅钢片的 ε 就越小。磷酸盐涂层的张力为 2～5MPa。若在磷酸盐涂层上面喷涂一层玻璃质，然后再烧结，这时涂层的张力可达 10MPa 以上。涂层的这种张力与变压器铁芯成型过程中硅钢片产生的压缩应力互相抵消，从而有效地防止了外部应力造成的 ε 值的升高。

（4）硅钢片含硅量的影响。通常使用的硅钢片其含硅量为 2％～3％。国外的研究结果表明，当含硅量为 6.5％时，硅钢片的 ε 值近乎为零。但是由于含硅量一旦超过 3.5％，硅钢片将会变得很脆，加工十分困难，故迟迟没能得到实际应用。日本开发了一种特殊的制造工艺，生产出了含硅量为 6.5％的硅钢片，并采用这种硅钢片制造了多台高频变压器，在降低噪声方面取得了明显的效果。

（5）磁力线与硅钢片压延方向的夹角的影响。磁力线与硅钢片压延方向的夹角对 ε 影响很大。试验结果表明，当磁力线与硅钢片压延方向的夹角为 50°～60°时 ε 最小，因此冷轧硅钢片的铁芯采用斜接缝，这对于减小 ε 是有好处的。

（6）硅钢片所受应力的影响。除了在生产硅钢片的过程中残留在硅钢片中的内应力之外，硅钢片在剪切、搬运、叠积铁芯等过程中，都不可避免地要受到外力的作用。这些外力在硅钢片中或产生压缩应力，或产生拉伸应力，或产生弯曲应力。研究结果表明，晶粒取向冷轧硅钢片的 ε 值随压缩应力的增大而增大，而在拉伸应力增大时，ε 值的变化却很小。硅钢片在剪切过程中，剪切力使切口处的部分晶粒偏离了最佳取向，从而使得 ε 值增大。此外，用平整度不好的硅钢片叠积铁芯时，硅钢片将产生弹性弯曲。当硅钢片承受弹性极限范围以内的弯曲应力时，ε 值将明显增大。

（7）硅钢片退火温度及退火工艺的影响。试验研究结果表明，ε 与硅钢片的退火温度有关。硅钢片的 ε 若为正值，退火以后其 ε 值将减小；硅钢片的 ε 若为负值，退火以后其 ε 的绝对值将增大；有时退火处理会使得 ε 由正值变为负值。由于硅钢片在加工和叠积过程中其 ε 值会逐渐增大，因此硅钢片一开始就具有较小的甚至是负的 ε 值，这对降低变压器的噪声是非常有利的。退火工艺不同，对 ε 值的影响程度也不相同。

（8）硅钢片温度的影响。试验结果表明，ε 值随着硅钢片温度的升高而增大。

综上所述，为了降低变压器的噪声，必须选用 ε 小的硅钢片来叠积铁芯，而对 ε 小的硅钢片的具体要求就是：①硅钢片具有极高的结晶方位的完整度，晶粒排列要好；②充分利用硅钢片表面涂层的张力；③沿硅钢片的压延方向施加拉伸力；④硅钢片的平整度要好；⑤硅钢片的剪切及退火工艺要先进（如采用高精度的数控剪床及垂直悬吊退火工艺）等。

二、直流偏磁的影响

运行工况不同，变压器的噪声也不尽相同。在所有运行工况中，直流偏磁是对变压器噪声影响最大的因素。

由于铁磁材料的磁致伸缩率 ε 会随着工作磁通的增大而增大，因此与直流偏磁方向一致的半个周波内，硅钢片磁致伸缩率 ε 增大，进而导致铁芯振动及噪声的增大。国内外大量的相关研究表明，很小的直流偏磁就能对变压器的振动噪声产生很大的影响。处于直流偏磁状态的变压器铁芯磁通发生半波饱和，导致磁导率下降，漏磁通增大，以及励磁电流的增大和谐波含量的增多，最终影响变压器的振动噪声水平。

直流偏磁现象还会导致变压器的损耗增大，温度升高。直流偏磁状态下铁芯磁通半波饱和，磁导率大幅下降，大量的漏磁通经油箱壁、铁芯夹件、拉杆以及支承板等结构件形成回路，导致变压器结构件涡流损耗增大，进而引起结构件温度的升高。而铁芯和磁屏蔽的磁致伸缩率 ε 会随着温度的升高而增大，并且温度过高还会引起绝缘老化和绕组局部过热变形，最终导致变压器振动加剧，噪声增大。

可用振动方法来研究变压器在直流偏磁状态下产生的异常振动和声响。通过现场检测变压器在直流偏磁状态下的油箱表面振动信号，深入研究直流偏磁状态下变压器振动信号的特征和监测方法，研究结果可有效判断变压器是否发生直流偏磁及发生异常振动与异常声响的原因。相关研究表明，直流偏磁状态下变压器的振动明显加剧，噪声水平大幅度提高，这可使紧固件更容易松动，不利于变压器长期安全运行。有仿真研究表明，对于一台容量为 160kVA 的干式变压器，直流偏磁磁场将铁芯振动位移增加了 38.4%，振动应力增加了 21.2%。此外直流偏磁状态下噪声的频谱也具有明显的特征，频谱中出现明显的奇次谐波，这也是变压器噪声受到直流偏磁影响的特征之一。

三、铁芯几何尺寸的影响

铁芯励磁时产生的噪声除了与硅钢片的 ε 值密切相关以外，还与铁芯的结构型式

（如心式或壳式，叠片式或卷铁芯等）、几何尺寸及其重量有关，也与转角部位的接缝方式、接缝式的搭接面积及铁芯的制造工艺等因素有关。由于铁芯中磁通密度分布的不均匀性和冷轧硅钢片磁性能的各向异性，使得铁芯不同区段的磁致伸缩是不均匀的。研究结果表明，在磁通转向的区段内磁致伸缩将显著增加。铁芯磁致伸缩的这种不均匀性与铁芯的几何尺寸密切相关。

研究结果表明，铁芯的几何尺寸对变压器噪声的影响可由铁芯尺寸关系的比例系数 $K_{P,C}$ 来评价。对于三芯柱叠片式铁芯（见图 4-4），其尺寸关系的比例关系 $K_{P,C}$ 可表示为

$$K_{P,C} = 0.96 \times \frac{3d(5d+h+2b)}{(h+b)(3h+6d+4b)} \tag{4-8}$$

式中　d——芯柱和铁轭的直径，cm；

　　　　h——铁芯的窗口高度，cm；

　　　　b——铁芯的窗口宽度，cm。

相关生产实践表明，对于额定电压为 10kV、35kV、100kV、200kV、330kV 级，额定容量为 400~200000kVA 的三相变压器而言，按式（4-8）计算出的 $K_{P,C}$ 通常在 0.20~0.45 范围内。当磁通密度不变时，铁芯的噪声水平（亦即变压器的本体噪声水平）随着 $K_{P,C}$ 的增大而升高。因此，我们根据式（4-8）不仅能够分析出铁芯几何尺寸对变压器本体噪声的影响，并且能够从噪声的观点来确定铁芯基本尺寸（d、h、b）之间的最佳关系。

图 4-5 所示为铁芯的接缝方式对变压器噪声的影响。由图 4-5 可知，在 $K_{P,C}=0.20$~0.45 范围内，用斜接缝（搭接面积为 5%）代替直接接缝方式时，变压器的噪声水平能够降低 3~5dB（A）。

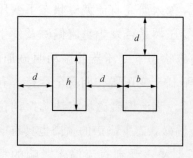
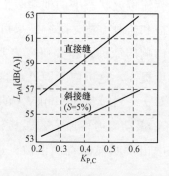

图4-4　三芯柱叠片式铁芯尺寸示意图　　图4-5　铁芯的接缝方式对变压器噪声的影响

需要注意的是，当评价采用斜接缝对降低变压器噪声的效果时，必须考虑接缝区搭接面积 S（%）对噪声的影响。虽然增大搭接面积可使硅钢片间的摩擦力增加，从而提

高铁芯的机械强度，但却能使磁通经过硅钢片非轧制方向的区域增大，从而使噪声升高。国内外的试验研究结果表明，搭接面积每增加 1%，45% 斜接缝的效果就减小 0.3%。因此，必须在满足铁芯机械强度要求的前提下，选择最小的搭接面积以降低铁芯的噪声。实践经验表明，在 $K_{P,C}=0.20\sim0.45$ 范围内，可用式（4-9）估算搭接面积对变压器噪声的影响，即

$$\Delta L_{pA} \approx 0.5\sqrt{S} \tag{4-9}$$

式中　ΔL_{pA}——变压器噪声的合成声压变化量，dB（A）；

　　　S——接缝区的搭接面积，%。

式（4-9）的计算结果，也可以用图 4-6 所示的曲线来表达。

四、铁芯装配工艺的影响

试验研究结果表明，变压器的噪声与铁芯夹紧力、铁芯拉伸力的对应压强密切相关，如图 4-7 所示。

大量的试验数据表明，铁芯的夹紧力有一个最佳值，铁芯在最佳夹紧力时变压器的噪声最低。当铁芯的夹紧力低于最佳值时，由于夹紧力不够大，硅钢片的自重将使铁芯产生弯曲变形，致使磁致伸缩增大，从而使变压器的噪声水平增高；当铁芯的夹紧力高于最佳值时，由

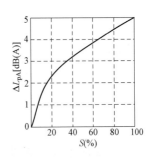

图 4-6　接缝区搭接面积 S
对噪声的影响

于夹紧力过大，致使磁致伸缩增大，也使得变压器的噪声水平增高。试验研究结果表明，改变铁芯的夹紧力能够使变压器的噪声变化 5dB（A）左右。

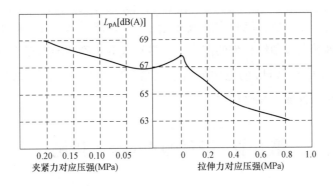

图 4-7　变压器噪声水平与铁芯夹紧力、铁芯拉伸力对应压强的关系

（$B=1.5\text{T}$，$f=50\text{Hz}$）

在铁芯夹紧力不变的情况下，变压器的噪声水平与铁芯中的磁通密度和铁芯所处的状态（是水平放置还是竖直放置）有关。铁芯夹紧力对应压强 p、铁芯的磁通密度 B、

铁芯的放置状态等与变压器噪声的合成声压变化量 ΔL_{pA} 之间的关系如图 4-8 所示。

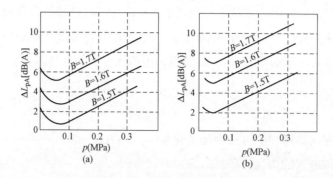

图 4-8　噪声的合成声压变化量与铁芯夹紧力对应压强、磁通密度及放置状态的关系
(a) 铁芯水平放置；(b) 铁芯竖直放置

铁芯在竖直状态下，变压器噪声的合成声压变化量 ΔL_{pA} 与铁芯夹紧力对应压强 p、芯柱（或铁轭）的相对挠度 δ、磁通密度 B 之间的关系，可表示为

$$\Delta L_{\text{pA}} = 15(p-0.08)+180(\delta-0.20)+\sqrt{350\,(B-1.5)^2+55(B-1.5)}$$

$$(4-10)$$

式 (4-10) 在下述条件下成立：夹紧力对应压强 $p=0.08\sim0.40\text{MPa}$；相对挠度 $\delta=0.2\%\sim3.0\%$；磁通密度 $B=1.5\sim1.7\text{T}$。

相关生产实践表明，为了降低变压器的噪声，铁芯的夹紧力对应压强应在 $0.08\sim0.12\text{MPa}$，芯柱的相对挠度 δ 接近 0.2%。

五、谐振对噪声的影响

变压器可视为一个由各种结构件组成的弹性振动系统，该系统有许多固有振动频率。当铁芯、绕组、油箱及其他结构件的固有频率接近或等于磁致伸缩振动的基频及二、三、四次高频的频率（对于 50Hz 的电源而言，是指 100Hz、200Hz、300Hz、400Hz）时，将会产生谐振，从而使噪声显著增大。

第五节　降低噪声的技术措施

"十三五"规划以来，国家对电网设备运营也逐渐提出了绿色清洁的要求，因此如何改善变压器的环境噪声污染问题已日渐得到广泛关注。由于运行中变压器的噪声通常是指变压器本体噪声和冷却装置噪声的合成噪声，因此为了降低变压器的噪声，也应该分别从这两个方面来采取有效的技术措施。就目前的技术现状而言，所谓降低变压器噪声的技术措施，实质上就是通过一定的技术手段，改进变压器的内部结构，提高变压器的结构精度，通过合理的优化方法改善变压器内部阻尼，以降低声源的噪声发射功率，使变压器的本体噪声和冷却装置噪声减小；或者在噪声发射的途径中采取有效的隔声或消声措施，将噪声屏蔽起来或抵消掉，以阻止噪声向四周或某一方向发射。

一、变压器本体噪声的降低

变压器本体噪声的降低主要通过减弱铁芯噪声来实现。由变压器铁芯产生的噪声可通过改进材料和设计得到降低，具体的措施包括：

（1）选用具有极高结晶方位完整度、磁致伸缩小的优质硅钢片来叠积铁芯，如冷轧变压器硅钢片。

（2）硅钢片材料晶平整度好，无缺陷毛刺。

（3）充分利用硅钢片表面涂层的张力，合理的张力可以有效减小磁致伸缩率；同时可在铁芯片表面涂刷环氧树脂，让树脂毛细渗入两硅钢片间的缝隙，使二者紧贴在一起，从而减小硅钢片的磁致伸缩率。

（4）沿硅钢片的压延方向施加拉伸力。

（5）硅钢片的剪切和退火采用高精度数控剪床及垂直悬吊退火工艺。叠积完毕后，绑扎间隔要适宜，夹紧力须适当，防止叠片挤压产生变形。

（6）设计合理的铁芯结构型式、尺寸和铁芯固有频率，调整铁芯基本结构尺寸时，须使其尺寸间的比值往低靠拢，通过合理地设计铁芯尺寸可避免在激励源作用下变压器本体振动频率接近其固有振动频率而造成谐振。

（7）进行绕组线圈与铁芯间的间隙处理，在间隙中插入纸板或环氧腻子撑紧，减小铁芯与绕组线圈间可能的相互位移，以降低噪声。

（8）减少铁芯中的谐波磁通含量，如采取变压器阀侧装设并联电容或无源滤波器，能有效降低高次谐波磁通对磁致伸缩的影响。

通过对铁芯的适当控制，可降低变压器本体噪声 5～10dB（A）。

二、冷却设备噪声的降低

冷却设备噪声的降低可通过降低设备本身的噪声和有效隔绝传播路径来实现。

（1）尽可能采用自冷式散热器替代风冷式散热器或强迫油循环风冷却器。在选择冷却器时应在其满足设计要求的同时充分考虑噪声指标。若配有风机时应尽量选用低噪声冷却风机，且风机与支架之间需安装隔振装置，风机的进、出口处安装消声器。

（2）加强油箱与散热片间的结构。将散热器的各散热片与油箱焊接连成一体，减小散热片的振动以降低噪声。

三、改善运行工况

在直流偏磁等运行工况下变压器的噪声会急剧增加，因此应对在受直流偏磁影响较大的区域内运行的主变压器采取一些防止直流偏磁的措施。可采用将中性点通过电容隔直或电阻限流装置接地的方式来减小变压器运行过程中的中性点直流偏磁电流，从而避免因偏磁电流过大而引起的铁芯异常振动。

四、传播途径的控制

变压器本体噪声可通过铁芯垫脚等途径传递给油箱壁，引起油箱壁的振动而向外辐射噪声，因此在油箱上采取有效噪声控制措施是比较经济的方法。相应的消声措施包括：抑制油箱振动，并采用减振、隔声和吸声等措施降低自油箱向外辐射的噪声。具体包括：

（1）合理布置加强筋，增强油箱强度，减小油箱振幅。

（2）在油箱内壁设置阻尼层，增加油箱阻尼，抑制油箱的振动。

（3）油箱和散热器的连接采用波纹管。

（4）在油箱中安装隔声围屏。

（5）油箱底部与基础间安装减振装置。

（6）安装隔声油箱，在油箱外面安装一层外壳，形成双层油箱，外壳与箱壁间填充吸声材料，提高隔声量。

（7）采用隔声板将油箱半封闭或全封闭。

（8）在居民住宅区中可将变压器置于住宅楼半地下室夹层内，夹层与底层住宅间采用隔振措施。

控制油箱的振动，并采取减振、隔声、吸声等措施可降低噪声 10～20dB（A）。

五、变压器噪声的主动控制

变压器的噪声以低频噪声为主，同时具有明显的纯音成分，因此可有效地采用有源消声进行控制。目前已有很多文献提出多种变压器噪声的主动控制电子系统。变压器噪声主动控制系统对基频的降噪量可达 15～20dB。

第五章　噪声检测方法

第一节　噪声测试方法

一、噪声测试要求

针对电力设备噪声的检测，IEC 60076.10—2005《电力变压器　第 10 部分：声级的测定》、GB1094.10—2003《电力变压器　第 10 部分：声级的测定》、GB/T 22075—2008《高压直流换流站可听噪声标准》、GB/T 28543—2012《电力变压器噪声测量方法》中都建议可采用声压法和声强法来实现。至于选择哪种方法，则应在订货时由制造单位与用户协商确定。

1. 检测仪器和校准

进行声压测量时，应使用符合 GB/T 3785《电声学　声级计》的 1 型声级计，并按 GB/T 3768《声学　声压法测定噪声源声功率级和声能量级》进行校准。进行声强测量时，应使用符合 IEC 61043《电声学　声强测量仪压强传声器配对的测量》的 1 类声强仪，并按 GB/T 16404《声学　声强法测定噪声源的声功率级》进行校准。

测量设备的频率范围应与试品的频谱相适应，即应选择合适的传声器间距系统，以使系统的误差最小；应在测量即将开始前和测量刚结束后对测量设备进行校准。如果校准变化超过 0.3dB，则本次测量结果无效，应重新进行测量。

2. 负 载 条 件

变压器的噪声大小与其负载条件相关，需要换算到同一条件下进行判断比较。负载条件应由制造单位和用户在订货时协商确定。若一台变压器的空载声级很低，则运行时负载电流所产生的噪声可能影响变压器的总声级。对于在额定电压和额定电流下运行的变压器，其 A 计权声功率级可由 A 计权空载声功率级和 A 计权额定电流声功率级按式（5 - 1）计算，即

$$L_{WA,SN} = 10\lg(10^{0.1L_{WA,UN}} + 10^{0.1L_{WA,IN}}) \qquad (5 - 1)$$

式中　$L_{WA,SN}$——变压器在正弦波额定电压、正弦波额定电流及额定频率下的 A 计权声功率级（负载声级）；

$L_{WA,UN}$——变压器在正弦波额定电压、额定频率及空载电流下的 A 计权声功率级（空载声级）；

$L_{WA,IN}$——变压器在额定电流下的 A 计权声功率级。

如果需要，应考虑将冷却设备的噪声也包括在 $L_{WA,UN}$ 或 $L_{WA,IN}$ 内。严格地说，式（5-1）只适用于各个独立的声源。由于空载噪声和负载电流噪声之间的相互影响，运行中的实际声功率级 $L_{WA,SN}$ 要比用式（5-1）计算出的值小。但是，这种差异是在测量的不确定性范围之内的。

由于电抗器所吸取的电流取决于所施加的电压，故电抗器不能在空载状态下进行试验。如果工厂的电源容量足以供电抗器进行全电压励磁，则对于电抗器可以采用与变压器相同的测试方法。此外，若条件合适，这些测试方法也可用于现场测量。除另有规定外，试验应在分接开关（如果有）处于主分接时进行。然而，在主分接下运行时，也有可能不会产生最大的声级。此外，变压器在运行时，由于空载磁通和漏磁通的叠加，能使铁芯中某些部分的磁通密度发生变化。因此，对于特殊使用条件（特别是变磁通调压）下的变压器，经协商可以在非主分接下或者对于不带分接的绕组在电压不等于额定电压下进行声级测量，这一点应在试验报告中明确写出。

（1）额定电流下的 A 计权声功率级。为了判断负载电流下的声级测量是否必要，可先通过式（5-2）粗略地估算负载电流的声功率级，即

$$L_{WA,IN} \approx 39 + 18\lg\frac{S_r}{S_p} \qquad (5-2)$$

式中　$L_{WA,IN}$——额定电流下的 A 计权声功率级；

　　　S_r——额定容量，MVA；

　　　S_p——基准容量，1MVA。

对于自耦变压器和三绕组变压器，用一对绕组的额定容量 S_t 代替 S_r。

若 $L_{WA,IN}$ 值比保证的声功率级低 8dB 或低得更多，则负载电流声级测量不必进行。

当需要进行负载电流声级测量时，应将一个绕组短路，而对另一个绕组施加额定频率的正弦波电压。所加电压应均匀上升，直到短路绕组中所通过的电流达到额定值为止。

（2）非额定电流下的 A 计权声功率级。如果只能在降低的电流下进行声级测量时，也可在 70%额定电流下按照式（5-3）进行额定电流下的声功率级换算，即

$$L_{WA,IN} \approx L_{WA,IT} + 40\lg\frac{I_N}{I_T} \qquad (5-3)$$

式中　$L_{WA,IN}$——额定电流下的 A 计权声功率级；

　　　$L_{WA,IT}$——降低电流下的 A 计权声功率级；

　　　I_N——额定电流；

　　　I_T——实际测量电流。

3. 测量位置

不同的测量位置对噪声的测试结果不同，IEC 60076.10—2005《电力变压器　第10

部分：声级的测定》以及 GB 1094.10—2003《电力变压器 第 10 部分：声级的测定》等中对于测量位置进行了明确要求，并根据变压器和冷却装置的配置情况进行了分类，具体分类及要求见表 5-1。

表 5-1 隔声壁的结构型式及其隔声效果

变压器及冷却装置配置情况	带或不带冷却设备的变压器、带保护外壳的干式变压器及保护外壳内装有冷却设备的干式变压器		距变压器基准发射面3m 及以上处分体式安装的冷却设备	无保护外壳的干式变压器
	冷却设备运行	冷却设备不运行		
基准发射面	基准发射面是指由一条围绕变压器的弦线轮廓线，从箱盖顶部（不包括高于箱盖的套管、升高座及其他附件）垂直移动到箱底所形成的表面。基准发射面应将距变压器油箱小于3m 的冷却设备、箱壁加强铁及诸如电缆盒和分接开关等辅助设备包括在内，而距变压器油箱3m 及以上的冷却设备，则不包括在内。其他部件如套管、油管路和储油柜、油箱或冷却设备的底座、阀门、控制柜及其他次要附件也不包括在内		基准发射面是指由一条围绕设备的弦线轮廓线，从冷却设备顶部垂直移动到其有效部分底面所形成的表面，但基准发射面不包括储油柜、框架、管路、阀门及其他次要附件	基准发射面是指由一条围绕干式变压器的弦线轮廓线，从变压器顶部垂直移动到其有效部分底面所形成的表面，但基准发射面不包括框架、外部连线和接线装置以及不影响声发射的附件
规定轮廓线 水平方向	距基准发射面2m	距基准发射面0.3m	距基准发射面2m	距基准发射面1m
规定轮廓线 高度方向	对于油箱高度小于2.5m 的变压器，规定轮廓线应位于油箱高度 1/2 处的水平面上。对于油箱高度为 2.5m 及以上的变压器，应有两个轮廓线，分别位于油箱高度 1/3 处和 2/3 处的水平面上，但若由于安全的原因，则选择位于油箱高度更低处的轮廓线		在仅有冷却设备工作的条件下进行声级测量时，若冷却设备总高度（不包括储油柜、管路等）小于4m，则规定轮廓线应位于冷却设备总高度 1/2 处的水平面上。若冷却设备总高度（不包括储油柜、管路等）为 4m 及以上时，应有两个轮廓线，分别位于冷却设备总高度 1/3 处和 2/3 处的水平面上，但若由于安全的原因，则选择位于冷却设备总高度更低处的轮廓线	对于油箱高度小于2.5m 的变压器，规定轮廓线应位于油箱高度 1/2 处的水平面上。对于油箱高度为 2.5m 及以上的变压器，应有两个轮廓线，分别位于油箱高度 1/3 处和 2/3 处的水平面上，但若由于安全的原因，则选择位于油箱高度更低处的轮廓线
测点分布	传声器应位于规定轮廓线上，彼此间距大致相等，且间隔不得大于1m，至少应设有 6 个测点			
测量表面积计算	$S=(h+2)l_m$	$S=1.25hl_m$	$S=(h+2)l_m$	$S=(h+1)l_m$

因为考虑安全距离而要求整个轮廓线或其中一部分距基准发射面的测量距离超过

表 5-1 规定的试品上的测量范围时，应在安全测量距离外进行测量，测量表面积 S 按式（5-4）进行计算，即

$$S = \frac{3}{4\pi} l_{\mathrm{m}}^2 \tag{5-4}$$

式中　l_{m}——按安全距离考虑的规定轮廓线的周长，m。

二、声压测试法

1. 测试环境要求

测试环境对噪声测试结果有较大的影响。理想的测试环境应是除了反射地面外无任何其他反射物体的场所，以使被测设备所发射的声波进入一个在发射面之上的自由场。无论是室内场所还是室外场所，被试品周围的反射物体（支撑面除外）应尽可能远离试品，且作为反射面的地板或地坪的平均吸声系数 α 在整个频率范围内最好小于 0.1，且反射表面不能因振动而发射出显著的声能。当在混凝土、树脂、钢或硬砖地面上进行测量时，该要求通常能得到满足，常规材料的平均吸声系数近似值见表 5-2。变压器油箱内或保护外壳内不允许进行声级测量。

表 5-2　　　　　　　　常规材料的平均吸声系数近似值

房 间 状 况	平均吸声系数 α
具有由混凝土、砖、灰泥或瓷砖构成的平滑硬墙且近似于全空的房间	0.05
具有平滑墙壁的局部空着的房间	0.10
有家具的房间、矩形机器房、矩形工业厂房	0.15
形状不规则的有家具的房间、形状不规则的机器房或工业厂房	0.20
具有软式家具的房间、天棚或墙壁上铺设少量吸声材料（如部分吸声的天棚）的机器房或工业厂房	0.25
天棚和墙壁铺设吸声材料的房间	0.35
天棚和墙壁铺设大量吸声材料的房间	0.50

同时应避免在恶劣的气象条件下进行声级测量，温度、风速的剧烈变化，以及凝露或高湿度等气象条件均会对噪声的测试产生明显影响。

2. 环境修正值 K 的计算

当现场测试环境无法满足要求时应进行环境因素的修正，周围环境因素的影响采用环境修正值 K 表示，其计算方法有以下两种。

（1）计算方法 1。环境修正值 K 考虑了不希望出现的试验室边界或邻近试品的反射物体所产生的声反射的影响。K 主要取决于试验室吸声面积 A 对测量表面积 S 的比值。K 的计算值与试品在试验室的位置无明显关系。

K 可用式（5-5）计算，即

$$K = 10\lg\left(1+\frac{4}{A/S}\right) \tag{5-5}$$

式中，S 可由表5-1中相应的公式或式（5-4）计算出；以平方米（m²）表示的 A 值可由式（5-6）求出，即

$$A = \alpha S_V \tag{5-6}$$

式中　α——平均吸声系数（见表5-2）；

　　　S_V——试验室（墙壁、天棚和地面）的总表面积，m²。

如果需要吸声面积 A 的测量值，可通过测量试验室的混响时间来求得。测量时，可用宽频带声或脉冲声来激发，用具有 A 计权的接收系统来接收。以平方米（m²）表示的 A 值由式（5-7）求得，即

$$A = 0.16(V/T) \tag{5-7}$$

式中　V——试验室体积，m³；

　　　T——试验室的混响时间，s。

若 $A/S>1$，则试验室符合要求。此时，将给出环境修正值 K 为 7dB。若试验室很大或作业空间未完全被封闭，则 K 值接近于 0dB。

（2）计算方法2。K 值可通过标准声源的确定视在声功率级来计算。此标准声源在位于反射面上的自由场中的声功率级事先已进行了校正。此时有

$$K = L_{Wm} - L_{Wr} \tag{5-8}$$

式中　L_{Wm}——标准声源的声功率级，它是按现行 GB/T 3768《声学　声压法测定噪声源声功率级和声能量级》规定测定的，不做环境校正，即最初假定 $K=0$；

　　　L_{Wr}——标准声源的视在声功率级。

3. 被试变压器的运行状态

被试变压器的运行状态应由制造单位与用户进行商定，所允许的供电组合如下：

1）变压器供电，冷却设备及油泵不运行；

2）变压器供电，冷却设备及油泵投入运行；

3）变压器供电，冷却设备不运行，油泵投入运行；

4）变压器不供电，冷却设备及油泵投入运行。

4. 平均声压级的测量

测量应在背景噪声值近似恒定时进行。在即将对试品进行声级测量前，应先测出背景噪声的 A 计权声压级。测量背景噪声时，传声器所处的高度应与测量试品噪声时其所处的高度相同，背景噪声的测点应在规定的轮廓线上。当测点总数超过 10 个时，允许只在试品周围呈均匀分布的 10 个测点上测量背景噪声。

如果背景噪声的声级明显低于试品和背景噪声的合成声级（即差值大于 10dB），则可仅在一个测点上进行背景噪声测量，且不需对所测出的试品的声级进行修正。

未修正的平均 A 计权声压级 $\overline{L_{\mathrm{pA0}}}$，应由在试品供电时于各测点上测得的 A 计权声压级 $L_{\mathrm{pA}i}$ 按式（5 - 9）计算，即

$$\overline{L_{\mathrm{pA0}}} = 10\lg\left(\frac{1}{N}\sum_{i=1}^{N}10^{0.1L_{\mathrm{pA}i}}\right) \tag{5 - 9}$$

式中　N——测点总数。

当各 $L_{\mathrm{pA}i}$ 值间的差别不大于 5dB 时，可用简单的算术平均值来计算。此平均值与按式（5 - 9）计算出的值之差不大于 0.7dB。

背景噪声的平均 A 计权声压级 $\overline{L_{\mathrm{bgA}}}$，应根据试验前、后的各测量值分别按式（5 - 10）计算，即

$$\overline{L_{\mathrm{bgA}}} = 10\lg\left(\frac{1}{M}\sum_{i=1}^{M}10^{0.1L_{\mathrm{bgA}i}}\right) \tag{5 - 10}$$

式中　M——测点总数；

$L_{\mathrm{bgA}i}$——各测点上测得的背景噪声的 A 计权声压级。

在设备噪声测量前后均应进行背景噪声的测量，并记录声级计读数，噪声测量结果的有效性判断标准见表 5 - 3。

表 5 - 3　　　　　　　　　　　噪声测量结果的有效性判断标准

$\overline{L_{\mathrm{pA0}}}$ 与较高的 $\overline{L_{\mathrm{bgA}}}$ 之差	试验前的 $\overline{L_{\mathrm{bgA}}}$ 与试验后的 $\overline{L_{\mathrm{bgA}}}$ 之差	结论
≥8dB	—	接受
<8dB	<3dB	接受
<8dB	>3dB	重新试验
<3dB	—	重新试验

注　如果 $\overline{L_{\mathrm{pA0}}}$ 小于保证值，则应认为试品符合声级保证值的要求，这种情况应在试验报告中予以记录。

三、声强测量法

1. 测试环境要求

声强法测试的原理：根据两个邻近放置的压敏微音器之间中点处的声压梯度的变化，用有限差分法近似求得该处声波质点的振动速度。瞬时声压和其相对应的瞬时质点速度之积的时间平均值即为该处的声强，将空间平均声强乘以相应的面积，便可求得变压器的噪声输出功率。

声强法测试的试验环境应是一个在反射面之的上近似自由场。理想的试验环境应是使测量表面位于一个基本不受邻近物体或该环境边界反射干扰的声场。因此，反射物

体（支撑面除外）应尽可能远离试品。但是，使用声强法测量时允许在距试品规定轮廓线至少 1.2m 处有两面反射墙壁，此时仍能进行准确测量。如果有三面反射墙壁，它们距试品规定轮廓线的距离至少为 1.8m。不允许在变压器油箱内或保护外壳内进行测量。

声强测量法的突出特点：声强法只测量和记录来自变压器本身的噪声，而不受测量环境内其他声源的干扰和影响。声强法能够对真实负载条件下实际运行的变压器进行噪声测量。制造厂用声强法测量变压器的噪声时，不必在专门的测试室中进行，在生产车间内便可进行测量，从而降低了附加的试验成本，缩短了试验周期。另外，用户在验收变压器时便可对额定负载下的噪声值进行验证，从而可避免用标准法在现场测量的噪声值与出厂时测量值的不一致，使用户能够辨别出是正常的运行噪声还是非正常的故障噪声。因此可见声强法对制造厂和用户都是可行且有利的。

2. 被试变压器的运行状态

采用声强法进行噪声测试时变压器的运行状态要求与采用声压法进行测试时的一致。

3. 平均声强级的计算

平均 A 计权声强级 $\overline{L_{\mathrm{IA}}}$ 应由在试品供电时于各测点上测得的 A 计权法向声强级 $L_{\mathrm{IA}i}$ 按式（5-11）计算，即

$$\overline{L_{\mathrm{IA}}} = 10\lg\left[\frac{1}{N}\sum_{i=1}^{N}\mathrm{sign}\,(L_{\mathrm{IA}i})^{0.1\,|\,L_{\mathrm{IA}i}\,|}\right] \tag{5-11}$$

判定试验环境和背景噪声是否可以接受的准则 ΔL 按式（5-12）计算，即

$$\Delta L = \overline{L_{\mathrm{pA0}}} - \overline{L_{\mathrm{IA}}} \tag{5-12}$$

为了保持标准偏差不超过 3dB，ΔL 的最大允许值应为 8dB（A）。

四、声功率级的计算

试品的 A 计权声功率级 L_{WA} 应由修正的平均 A 计权声压级 $\overline{L_{\mathrm{pA}}}$ 或由平均 A 计权声强级 $\overline{L_{\mathrm{IA}}}$，分别按式（5-13）或式（5-14）计算，即

$$L_{\mathrm{WA}} = \overline{L_{\mathrm{pA}}} + 10\lg\frac{S}{S_0} \tag{5-13}$$

$$L_{\mathrm{WA}} = \overline{L_{\mathrm{IA}}} + 10\lg\frac{S}{S_0} \tag{5-14}$$

式中　S——由表 5-1 中的公式或式（5-4）求得；

S_0——基准参考面积，1m²。

对于冷却设备直接安装在油箱上的变压器，其冷却设备的声功率级 L_{WA0} 按式（5-15）计算，即

$$L_{WA0} = 10\lg(10^{0.1L_{WA1}} - 10^{0.1L_{WA2}}) \tag{5-15}$$

式中　L_{WA1}——变压器和冷却设备的声功率级；

　　　L_{WA2}——变压器的声功率级。

如果已知冷却设备中各风扇和油泵的声功率级，则冷却设备的总声功率级可根据能量关系，通过将各声功率级相加的办法求得。采用这种确定冷却设备声功率级的方法，需经制造单位和用户协商同意。

对于冷却设备为独立安装的变压器，变压器和冷却设备的声功率级 L_{WA1} 可按式（5-16）计算，即

$$L_{WA1} = 10\lg(10^{0.1L_{WA0}} + 10^{0.1L_{WA2}}) \tag{5-16}$$

式中　L_{WA2}——变压器的声功率级；

　　　L_{WA0}——冷却设备的声功率级。

五、测试结果无效时的处理方法

在采用上述方法对变压器进行声级测定时，如果由于试验环境的背景噪声声级过大，致使测量条件不满足测试要求（背景声级与合成声级之差小于 3dB 且合成声级不小于保证值时，未修正的平均 A 计权声压级$\overline{L_{pA0}}$与平均 A 计权声强级$\overline{L_{IA}}$之差超过 8dB）而测量结果无效时，可采用窄频带或时间同步法进行声级测量，以便能过滤掉所不需要的信号。但这些测量方法并不能消除由环境修正值 K 所描述的反射影响。

变压器噪声的音调特征是其频率为电源频率的两倍或偶数倍。因此，可以只在相关的频率下，用时间同步平均或窄频带法减少不相关的噪声。

窄频带和时间同步测量法仅在试验期间当冷却设备和油泵不运行时才有效。至于选择其中哪一种方法，应根据制造单位和用户间的协议来确定。上述这些方法均适用于声压级和声强级测量，同时也可用来计算声功率级。

1. 窄频带测量

分析器带宽 Δf 应按下述选择：1/10 倍频程或更窄些，所选频率的 10% 或 5Hz 或 10Hz。在选择窄频带测量方法，则当电源频率一直在允许范围内变化时，实际产生的谐波可能已经落在测量仪器的带宽外。如果由测得的电源频率所产生的谐波频率不在所选择的带宽（Δf）范围内时，若欲接受所得到的测量结果，应经制造厂和用户协商同意，或者选择更宽的带宽。

原为测量单个 A 计权值，现改为在中心频率等于 2 倍额定频率及其倍数值频率的整个带宽上进行声级测量。每一测点上的 A 计权声压级或声强级可分别用式（5-17）或式（5-18）来计算，即

$$L_{pAi} = 10\lg\left(\sum_{\nu=1}^{\nu_{max}} 10^{0.1L_{pA\nu}}\right) \tag{5-17}$$

式中　L_{pAi}——额定电压及额定频率下的 A 计权声压级；

　　　$L_{pA\nu}$——额定电压及额定频率下，在中心频率为 $2f\nu$，且所选带宽为 Δf 时测得的
　　　　　　A 计权声压级；

　　　f——额定频率；

　　　ν——额定频率的偶次谐波倍数的顺序号（1，2，3，…），且 ν 的最大值（ν_{max}）
　　　　　为 10。

$$L_{IAi} = 10\lg\left(\sum_{\nu=1}^{\nu_{max}} 10^{0.1L_{IA\nu}}\right) \tag{5-18}$$

式中　L_{IAi}——额定电压及额定频率下的 A 计权声强级；

　　　$L_{IA\nu}$——额定电压及额定频率下，在中心频率为 $2f\nu$，且所选带宽为 Δf 时测得的
　　　　　　A 计权声强级；

　　　f——额定频率；

　　　ν——额定频率的偶次谐波倍数的顺序号（1，2，3，…），且 ν 的最大值（ν_{max}）
　　　　　为 10。

2. 时间同步测量

时间同步平均是指噪声信号数字化时间记录的平均，其起点是通过一个重复的触发信号来确定的。通过使用一个与变压器噪声同步的触发信号，如网络电压，可消除所有的非同步噪声。需要注意的是，很多工业噪声源可能是同步的，此时不宜用本方法。

环境噪声衰减 N 与平均次数 n（包括在测量内）有关。信噪比改善的分贝值 S/N
等于：

$$S/N = \lg n \tag{5-19}$$

此原理可用于声压测量和声强测量。对于声强测量，用时间同步平均所得到的结果，对于 ΔL 值一直到 $S/N + 8dB(A)$ 时止都是有效的。

当使用时间同步测量时，必须使传声器相对于变压器的位置保持固定不变。此时，沿规定轮廓线不断移动传声器是不可能的。

六、噪声源识别技术介绍

1. 基础知识

噪声源识别技术（Noise Source Identification，NSI）目前已被广泛用于优化各种产品的声学性能，包括车辆、家庭用品、风力涡轮机等。NSI 技术的目标是识别被测对象不同位置在各个频率成分的声功率辐射能量的情况，其主要应用有以下两点。

（1）声源分布特性定位。准确识别设备的主要噪声源是进一步制定有效降噪方案的前提，定位的声源分布特性被用来确定哪些设计改变将最有效地改善整体的噪声辐射。

（2）异响定位。异常声音信号往往能够反映被测设备运行状态的变化，定位异常声源位置常被用于设备的故障诊断和消除。

常用的噪声源识别技术有两类：一类是早期主要使用的一个或几个传感器（声压或声强探头），通过空间扫描的方式获取被测设备的声源分布图像；另一类就是近年来快速发展的麦克风阵列技术。麦克风阵列是由一组传声器（一般会使用几十个甚至是几百个）按一定顺序排列组成的测试设备。20 世纪 90 年代以来，基于传声器阵列测量的噪声源识别技术广泛应用于各个领域，空间声场转换法（Space Transformation of Sound Field，STSF）和波束形成法（Beamforming Method）是最主要的两种阵列传声器信号处理算法。

STSF 将传声器阵列置于靠近发动机表面的近场接收声压信号，并基于近场声全息（Near-field Acoustical Holography，NAH）理论和赫姆霍兹积分方程（Helmholtz Integral Equation，HIE）理论对阵列传声器接收的声压信号进行处理，从而重构三维声场中平行于传声器阵列平面的任意平面上的声压数据，进一步通过欧拉公式确定三维声场中的质点速度、声强量，并计算各声源的辐射声功率。该方法简便易行，能够提供三维声场中声压、质点速度、声强、声功率信息的完整描述和发动机表面的声压、质点速度及声强成像云图，同时互谱的运用有效抑制了不相关背景噪声的干扰；其不足之处在于测量分辨率依赖于传声器间距，高频时为达到一定的分辨率要求致使传声器测点数目过多。

波束形成法将传声器阵列置于距离被测物体中长距离的位置测量空间声压信号，基于阵列的指向性原理对物体表面的声源分布进行成像，找到主要噪声源的位置，得出辐射声场的主要特征。波束形成法测量速度快，计算效率高，中高频分辨率好，适宜中长距离测量，对稳态、瞬态及运动声源的定位精度高，是航空、高速列车、旋转机械、发动机等领域不可缺少的噪声源识别技术。其算法本身也有较快发展，如移动声源波束成形技术、3D 球面波束成形技术、基于波束成形的反卷积优化算法等。

不同方法的选择主要考虑需识别声源的频率范围、测试距离、分辨率、被测对象面积等。

2. 典型设备

当前市场上已有多款基于麦克风阵列技术的声学定位成像仪器，典型的麦克风阵列系统组成如图 5-1 所示，主要包括如下几个部分。

（1）传声器。传声器用于拾取声音信号，将测点的声压信号转换成电信号，输出给数据采集系统。阵列定位需要采集声压的相位信号，要求传声器之间有着良好的相位一致性。

（2）阵列支架。阵列定位中需要精确输入每个传声器的位置坐标，通过定型的阵列支架可精准安装每个传声器，并内置线缆等接插件端子以方便使用。另外阵列支架配备摄像头，以实现声源的可视化。

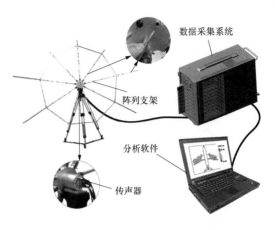

图 5-1　典型的麦克风阵列系统组成

（3）数据采集系统。数据采集系统用于同步采集多通道传声器的电信号。除了针对单独的声音采集需要关注的动态范围、位数、抗混叠滤波器、内置 IEPE 激励（信号调理及程序信号调理电流激励）等要求外，针对麦克风阵列应用还要求通道间相位一致性要好，一般会选择每通道独立 ADC 的采集设备。

（4）分析软件。根据采集到的多通道声音信号和阵列参数，通过定位算法获得声源分布情况，叠加光学照片实现声源的可视化。

3. 变电设备应用

针对变压器等电力设备，噪声源识别技术并未得到广泛应用。声学振动用于变压器等设备的故障诊断主要在于通过超声波信号对设备内部局部放电信号进行定位，但是在可听声音波段，因该波段信号对于绕组、铁芯、油箱的穿透性较弱，很难对设备内部缺陷故障进行有效的检测，但是对于设备外部件的一些由松动等缺陷引起的噪声异常现象则具有良好的检测和诊断效果。噪声源识别技术在这一研究领域具有非常大的应用前景。

第二节　噪声诊断方法

JB/T 10088—2004《6kV～500kV 级电力变压器声级》中对油浸式变压器的噪声声级进行了规定，见表 5-4～表 5-9，其中所列均为变压器空载声功率级和负载电流声功率级相加的声级限值。

表 5-4～表 5-9 中所列等值容量是相当于双绕组变压器额定容量的等值容量。对于多绕组变压器及自耦变压器需要进行折算，其中三绕组变压器的等值容量等于各绕组额定容量算术和的一半；自耦变压器的等值容量等于两个自耦侧绕组的额定容量之和乘以

效益系数（自耦绕组上两个绕组的变比）后，再加上第三绕组的容量之和的一半。

表 5 - 4　　　30～63000kVA、6～66kV 级油浸式变压器声功率级限值

等值容量（kVA）/ 电压等级（kV）	声功率级 $L_{WA,SN}$ [dB（A）]	
	油浸自冷	油浸风冷
30～63/6～35	50	/
80～100/6～35	52	/
125～160/6～35	54	/
200～250/6～35	56	/
35～400/6～35	58	/
500～630/6～35	60	/
800～1000/6～35	62	/
1250～2000/6～66	65	/
2500/6～66	67	/
3150/6～66	70	/
4000/6～66	72	/
5000/6～66	73	/
6300/10～66	74	/
8000/35～66	75	80
10000/35～66	76	81
12500/35～66	77	82
16000/35～66	78	83
20000/35～66	80	84
25000/35～66	81	85
31500/35～66	83	88
40000/35～66	84	89
50000/35～66	85	90
63000/35～66	/	92

表 5 - 5　　　6300～120000kVA、110kV 级油浸式变压器声功率级限值

等值容量（kVA）	声功率级 $L_{WA,SN}$ [dB（A）]	
	油浸自冷（ONAN）或 强油水冷（OFWF）	油浸风冷（ONAF）或 强油风冷（OFAF）
6300	75	/
8000	76	81
10000	77	82
12500	78	83

续表

等值容量（kVA）	声功率级 $L_{WA,SN}$ [dB（A）]	
	油浸自冷（ONAN）或 强油水冷（OFWF）	油浸风冷（ONAF）或 强油风冷（OFAF）
16000	79	84
20000	81	85
25000	82	87
31500	84	89
40000	85	90
50000	86	91
63000	88	93
90000	90	94
120000	92	95

表 5 - 6　　　31500～360000kVA、220kV 级油浸式变压器声功率级限值

等值容量（kVA）	声功率级 $L_{WA,SN}$ [dB（A）]	
	油浸自冷（ONAN）或 强油水冷（OFWF）	油浸风冷（ONAF）或 强油风冷（OFAF）
31500	87	91
40000	88	92
50000	90	93
63000	92	94
90000	94	95
120000	95	96
150000	97	98
180000	97	98
240000	98	99
300000	98	99
360000	98	99

表 5 - 7　　　9000～720000kVA、330～500kV 级油浸式变压器声功率级限值

等值容量（kVA）	声功率级 $L_{WA,SN}$ [dB（A）]
	强油风冷（OFAF）
90000～333000	101
360000～720000	104

表 5 - 8　　　　　　30～6300kVA、6～10kV 级干式变压器声功率级限值

等值容量（kVA）	声功率级 $L_{WA,SN}$［dB（A）］
	自冷（AN）或密封自冷（GNAN）
30～63	63
80～100	65
125～160	66
200～250	67
315～400	69
500	70
630	71
800～1000	72
1250	74
1600	75
2000	77
2500	78
3150	78
4000	84
5000	84
6300	84

表 5 - 9　　　　　　50～20000kVA、35kV 级干式变压器声功率级限值

等值容量（kVA）	声功率级 $L_{WA,SN}$［dB（A）］
	自冷（AN）或密封自冷（GNAN）
50～80	64
100	65
125～160	66
200～250	68
315～500	70
630～1000	72
1250～1600	76
2000～3150	78
4000～6300	85
8000～1250	88
16000～20000	93

　　当变压器的电压等级和等值容量与表中所列数值不对应时，应按最靠近的电压等级或较大一级的容量来确定其声功率级限值。对于因冷却方式不同而具有多种容量的变压器，应按最大容量及其相应的冷却方式确定其声功率级限值。

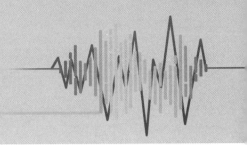

第六章　噪声检测典型案例

案例1　主变压器噪声异常及分析

一、案例概况

国家电网有限公司某省电力公司某220kV变电站于2015年2月1日投入运行，其中包含2号、3号两台主变压器，2月2日运行人员在进行投运后例行巡视时发现2号主变压器噪声明显高于3号主变压器（投运后运行方式为2号主变压器中性点直接接地，3号主变压器中性点不接地）；3月12日晚2号主变压器退出运行，3号主变压器中性点经隔离刀直接接地，发现3号主变压器噪声变大，与2号主变压器噪声声级一致。

二、设备信息

两台主变压器基本参数相同，型号均为SFSZ10-180000/220，额定电压为230±8×1.25%/121/11kV，额定容量为180/180/90MVA，接线方式为Ynyn0d11，主分接阻抗为14%/48%/33%。2016年6月出厂，2016年7月投运，投运后各项测试数据未见明显异常。

三、相关测试

对2号主变压器、3号主变压器的油色谱分析和铁芯夹件接地电流进行检测，结果均无异常。测量两台主变压器平均噪声，2号主变压器为81dB（室内测量未修正，后同），3号主变压器为69dB。2号主变压器退出运行后，测得3号主变压器高压中性点的直流电流为1.16A（DC），测量3号主变压器噪声声级变为85.1dB。

四、噪声声级修正

两台主变压器出厂试验噪声声级分别为59.2dB和59.4dB，该变电站变压器室为混凝土室，其吸声系数α为0.05，宽12m，长15m，高16m，声反射表面积A_U为1044m²。主变压器外形尺寸为宽3m，长11.6m，高3.47m，发声表面积A_T为136.2m²。

由此可知主变压器在变压器室内运行的，可测得噪声声级增加了10.4dB。3号主变压器中性点未直接接地运行时的噪声修正为 58.6dB，与出厂试验数值基本一致。

五、噪声声级增大的原因分析

从现场检测数据看，3 号主变压器未直接接地运行时的噪声声级为 69dB，中性点经隔离刀直接接地后主变压器噪声声级变为 81.5dB。变压器的噪声主要来自变压器铁芯的磁致伸缩，磁致伸缩率越大，噪声越大。该变电站在进行相关检测时 3 号主变压器近乎空载，噪声明显是由铁芯的磁致伸缩所引起的电磁噪声。通过检测到的直流电流综合分析，推测电网系统中存在直流分量，直流电流经变压器绕组流入地壳，铁芯中产生直流磁通分量，与交流磁通叠加导致磁通发生半波饱和，半波磁致伸缩峰值增大，加剧了铁芯振动噪声，是造成变压器噪声声级增大的原因。

六、结论

这是一起典型的因直流偏磁引起的噪声异常缺陷案例。在该案例中，通过对主变压器噪声声级、油色谱及其他电气试验项目的检测、跟踪测试，及时发现了变压器的直流偏磁缺陷，并进行了及时处理。这一案例表明通过对变压器噪声的检测能及时有效地发现部分变压器的噪声异常缺陷，是一种行之有效的检测方法。

案例 2   高压并联电抗器噪声异常及分析

一、案例概况

2017 年 2 月下旬，某特高压交流变电站线路 A 相高压并联电抗器出现异常声响，经运行人员巡检判断 A 相振动及噪声声级情况均较其他相严重，初步判断该高压并联电抗器存在异常缺陷。

二、设备信息

异常高压并联电抗器型号为 BKD240000/1100，额定电压 110kV，额定容量 240Mvar，2016 年 6 月出厂，2016 年 7 月投运，投运后各项测试数据未见明显异常。

三、噪声测试

发现异常后，对该高压并联电抗器进行了噪声声级检测，测试结果显示 A 相高压并联电抗器的 A 计权声功率级为 78.5dB（A），而同组别的 B、C 两相高压并联电抗器的 A 计权声功率级仅为 70.7dB（A）、71.8dB（A），表明 A 相高压并联电抗器确实存在噪声过大的问题。

四、声学定位

在发现该高压并联电抗器存在噪声异常增大的情况后，相关人员立即组织采用声学阵列定位设备对其进行了噪声定位测试，测试现场如图 6-1 所示。

从远处使用麦克风阵列对 A 相变压器异响进行噪声源定位的结果如图 6-2 所示。

图 6-1　测试现场安装方式　　　　图 6-2　远处定位 A 相变压器异响结果

从远处来看，异响主要集中在变压器的东侧上部，移动麦克风阵列精确定位结果如图 6-3 所示。

声学定位测试在不同的频率下指向的噪声源位置略有偏移，这可能是由于真实噪声源的振动在其附近部位造成其他频率分量的谐振，故而产生定位位置的偏移。综合总体定位情况，高压并联电抗器东侧上部两个分油管法兰面是噪声集中区域，该区域应是真实噪声源所在区域。

声学定位测试结果表明该特高压并联电抗器存在噪声过大的情况，噪声源位于高压并联电抗器东侧主油箱上方两处法兰附近，噪声源位于油箱表面，高压并联电抗器内部并无明显缺陷。

五、后续处理

该高压并联电抗器于 2017 年 3 月 18 日停电检修，检查发现该高压并联电抗器油箱东侧上部的一个分油管法兰面上的固定螺栓松动，随即对该螺栓进行了紧固，投运后测试结果噪声明显降低，未见明显异常。

图 6-3 麦克风阵列精确定位结果

（a）异响定位频段 2000～3000Hz；（b）异响定位频段 3000～4000Hz；（c）异响定位频段 4000～5000Hz

六、结论

这是一起典型的变压器表面部件松动的案例。在该案例中，通过对主变压器噪声声级的检测、定位测试，及时发现了变压器油箱上表面法兰面上的螺栓松动缺陷，排除了高压并联电抗器内部缺陷的可能性，并进行了及时处理。这一案例表明通过对变压器噪声的检测、定位能及时有效地发现变压器的表面部件松动等异常缺陷，是一种行之有效的检测方法。

参 考 文 献

[1] 孙涛，裴春明，胡静竹，等．特高压变压器噪声源模型及仿真分析［J］．高电压技术，2014，40
（09）：2750－2756.

[2] 赵妙颖，许刚．基于经验小波变换的变压器振动信号特征提取［J］．电力系统自动化，2017，41
（20）：63－69，91.

[3] 冯永新，邓小文，范立莉，等．大型电力变压器振动法故障诊断的现状与趋势［J］．南方电网技
术，2009，3（03）：49－53.

[4] 刘宝稳，马宏忠，李凯，等．大型变压器绕组轴向固有频率振动分布特性与试验分析［J］．高电
压技术，2016，42（07）：2329－2337.

[5] 袁国刚，谢坡岸，静波，等．轴向预紧力对变压器绕组振动特性的影响［J］．噪声与振动控制，
2004，24（02）：25－27，30.

[6] 王学磊，张黎，李庆民，等．电力变压器有源降噪中次级声源的参数优化分析［J］．高电压技术，
2012，38（11）：2815－2822.

[7] 盘学南，玉小玲．变压器运行噪声异常的探讨［J］．变压器，2006，43（08）：43－44.

[8] 姜山．电力变压器绕组变形的受力分析［D］．华北电力大学（北京），2012.

[9] 邓珺，杨向宇，龙巍．变压器的降噪技术［J］．变压器，2009，46（03）：34－36，39.

[10] 焦立阳．电力变压器绕组短路电动力的计算［D］．沈阳工业大学，2009.

[11] 冯永新，邓小文，范立莉，等．大型电力变压器振动法故障诊断与发展趋势［J］．变压器，
2009，46（10）：69－73.

[12] 郑婧，王婧頔，郭洁，等．电力变压器铁心振动特性分析［J］．电子测量与仪器学报，2010，24
（08）：763－768.

[13] 周求宽，万军彪，王丰华，等．电力变压器振动在线监测系统的开发与应用［J］．电力自动化设
备，2014，34（03）：162－166.

[14] 傅坚，徐剑，陈柯良，等．基于振动分析法的变压器在线监测［J］．华东电力，2009，37（07）：
1067－1069.

[15] 程锦，汲胜昌，刘家齐，等．绕组振动信号监测法中测试位置的影响与分析［J］．高电压技术，
2004，30（10）：46－48.

[16] 吴昊，刘庆时，刘卫东，等．调压变压器有载分接开关机械性能的在线检测［J］．高压电器，
2003，39（03）：18－20.

[17] 李冰，胡国清．降低变压器噪声的措施初探［J］．变压器，2004，41（08）：40－42.

[18] 胡静竹，刘涤尘，廖清芬，等．基于有限元法的变压器电磁振动噪声分析［J］．电工技术学报，
2016，31（15）：81－88.

［19］郭洁，黄海，唐昕，等．500kV 电力变压器偏磁振动分析［J］．电网技术，2012，36（03）：70 - 75.

［20］张彬，徐建源，陈江波，等．基于电力变压器振动信息的绕组形变诊断方法［J］．高电压技术，2015，41（07）：2341 - 2349.

［21］王志敏，顾文业，顾晓安，等．大型电力变压器铁心电磁振动数学模型［J］．变压器，2004，41（06）：1 - 6.

［22］邵宇鹰，饶柱石，谢坡岸，等．预紧力对变压器绕组固有频率的影响［J］．噪声与振动控制，2006，26（06）：51 - 53.

［23］李刚，于长海，刘云鹏，等．电力变压器故障预测与健康管理：挑战与展望［J］．电力系统自动化，2017，41（23）：156 - 167.

［24］祝丽花，杨庆新，闫荣格，等．电力变压器铁心磁致伸缩力的数值计算［J］．变压器，2012，49（06）：9 - 13.

［25］周建国，李莉华，杜茵，等．变电站、换流站和输电线路噪声及其治理技术［J］．中国电力，2009，42（03）：75 - 78.